療癒身心的雜木庭園

日式庭園的美・心・技

三悅文化

序

Introduction

可為庭園營造鄉野風情的雜木庭園，
早春萌芽，仲春新綠，夏季蒼翠，秋季楓紅。
闢建一座就近即可欣賞隨四季更迭而變化萬千的美麗風光。
而且，冬日裡有和煦的陽光把屋子曬得暖洋洋，
一到了夏天就會形成樹蔭，產生涼爽空氣，化為涼風習習吹進屋子裡。
柔軟的枝葉迎風沙沙作響，
由樹梢上灑落下來的燦爛陽光，猶如來自大地的祝福。
下雨時，葉片的綠，凝結成粒子，融入空氣裡，
整座庭園頓時被染成綠色，迎來一段寧靜無比的好時光。
除了這些大自然的恩賜外，
本書中將針對居家周邊環境栽種樹木的微氣候改善效果、維護身心健康的作用，
以及將大自然環境當做孩童們的學習場所等，
綠色資源對於健康層面之影響，進行深入的剖析。
此外，書中也會針對設置造園景物的庭園、闢建小溪流的庭園等，非常精采，
相當值得一看的「自然風庭園」做詳細的介紹。
閱讀本書後，讀者們對於日本庭園特有的
美、心、技若有更深一層的認識，那將是我莫大的榮幸。

樹木環抱，綠蔭蔽天，環境優雅舒適的雜木庭園。（印南宅庭園）

日式庭園的美・心・技
療癒身心的雜木庭園

contents

在綠意盎然的雜木庭園裡健康快樂地生活

形成樹蔭，產生涼爽空氣，化為涼風，吹進敞開著門窗的屋子裡。放眼望去就能深深地感受到那股涼意，環境清幽舒適的雜木庭園。（增田宅庭園）

清幽雅緻 充滿綠意的入口庭園

公寓前的入口處。寬2.4公尺，通往公寓的通道上，規劃縱深30公分的植栽空間，打造清幽雅緻，令人心曠神怡的空間。（小松宅庭園）

室內與庭院連成一氣
充滿室內庭園意趣的優雅庭園

建築設計階段就打算闢建庭院的住宅。利用露台，將設有大型落地門窗的起居室與庭院連結在一起，完成充滿室內庭園意趣的優雅庭院。（U宅庭園）

佔地四・五平方公尺
奉茶室前的「清幽靜謐」世界

由奉茶室躙口（註1）欣賞到的內庭院美景。長了青苔的樹木、延段（註2）、知名石材真黑石打造的蹲踞（註3）、埋柱式石燈籠（註4），巧妙地營造出閑靜風情的庭園。（三鷹學園的庭園）

（註1）設於奉茶室，高65公分，寬60公分，外側設置單向拉門，客人進出必須以跪姿往前滑行的狹小出入口。
（註2）延段：由石板、鵝卵石、石塊等大大小小的天然石材鋪成，寬度相同且路面平整便於行走的庭園通道。
（註3）蹲踞：日本的庭園造景物之一，設置在奉茶室前院的洗手裝置，位置很低，即便達官貴人到此，也要蹲下洗手以表謙虛而得名。
（註4）埋柱式石燈籠：無燈座部分，直接將燈柱埋入土裡後固定的石燈籠。

由小溪流與樹木營造出寧靜祥和氛圍的庭園

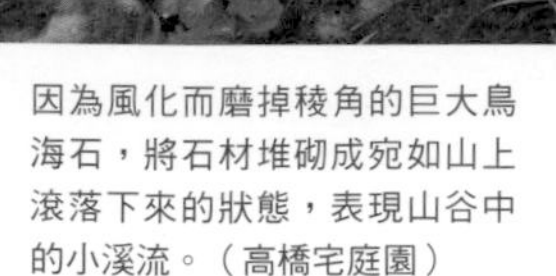

因為風化而磨掉稜角的巨大鳥海石，將石材堆砌成宛如山上滾落下來的狀態，表現山谷中的小溪流。（高橋宅庭園）

橫向設置的石材與青苔滾邊似地潺潺流動的小溪流。水深才1公分的淺溪流，微微地激起漣漪，不斷地往下游流去，構成可撫慰心靈的水景。（鈴木宅庭園）

在雜木庭園裡健康快樂地過生活

Healthy Garden

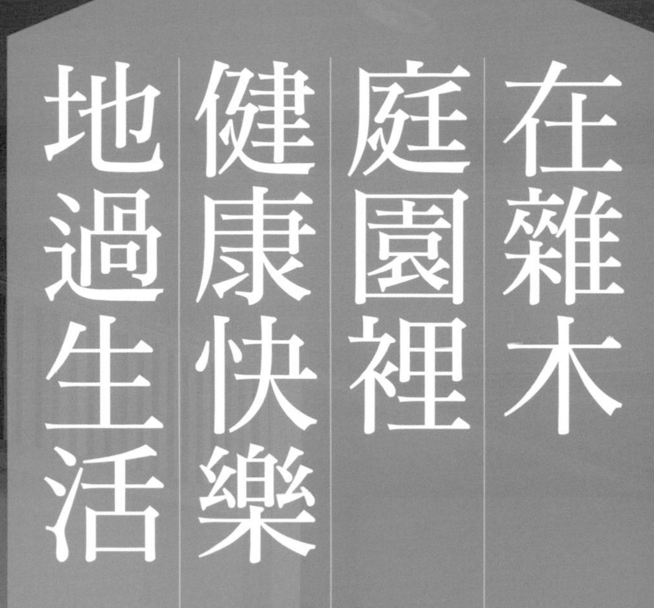

精心打造開放式居家空間，將室內與庭園融為一體的雜木庭園。一到了夏天，樹蔭產生的涼風為居家環境帶來陣陣涼意，冬日裡，樹葉落盡，和煦陽光把屋子曬得暖洋洋。（O宅庭園）

在雜木庭園裡健康快樂地過生活

case01

盡心維護鎌倉特有大自然環境的居家庭園

打造能夠與庭園融為一體的開放式住宅 盡情地享受雜木林般庭園樂趣

神奈川縣　O宅庭園

上／起居室、餐廳、和室房面對庭園並排設置，從任何廳室都能欣賞到庭園美景。女主人說：「因為是開放式住宅，所以屋外的環境格外重要。植栽形成樹蔭，吹過來的風更輕柔、更涼爽，即便夏天，生活中也很少開冷氣」。　右／水缽是由室內欣賞庭園美景時的視線焦點之一。可欣賞小鳥戲水洗澡的可愛模樣。

打造完全融入大自然裡的住宅與庭園

如願以償地取得鎌倉建築用地的屋主O，蓋了一棟非常符合鎌倉特有風情的住宅。大量使用實木建材，再加上灰泥牆，黏貼和紙的天花板，取代窗簾的紙拉門，以及加寬屋簷後設置簷下走廊，打造了充滿懷舊氛圍的住宅。

住宅落成後，屋主O想擁有一座能夠與住宅融為一體的庭園，於是說出：「希望闢建樹木自然地生長的庭園，而不是刻意做出自然感覺的庭園」的想法，委託文造園事務所的佐野文一郎。

把窗戶當做一個大畫框

面向庭園，起居室與餐廳並排設置，再以特別訂製的窗框為區隔，構成面寬4·4公尺，高2公尺的開口部位，其全面裝設玻璃拉門。

擁有雜木庭園的風采，充滿大自然資源的雜木庭園，這就是佐野先生提出能夠與住宅融為一體的庭園建設構想。把開口部位當做大畫框，希望能欣賞到隨著季節更迭而變化萬千的庭園美景，以植栽為主，精心地闢建庭園。

庭園四周栽種枹櫟、楓樹、栲樹等落葉大喬木，構成庭園的主要架構，然後栽種上溝櫻、金縷梅、加拿大唐棣、刻脈冬青、酸模樹等，可欣賞到美麗花朵與果實的樹木。其次，靠近建築物組合栽種栲樹、腺齒越橘等樹種，以樹木為庭園增添氣勢，精心闢建可隔著樹幹欣賞美景的庭園。以位於近處的樹幹強調遠近感，整座庭園看起來更寬廣。

DATA
庭園面積：96㎡
竣工日期：2014年3月
設計·施工：文造園事務所（佐野文一郎）

由起居室的沙發眺望庭園時情景。把窗戶當做一個大畫框，就能清楚地看到隨風搖曳的枝葉，由樹梢上灑落地面的陽光，以及加高植栽場所後微微地形成的起伏狀態。

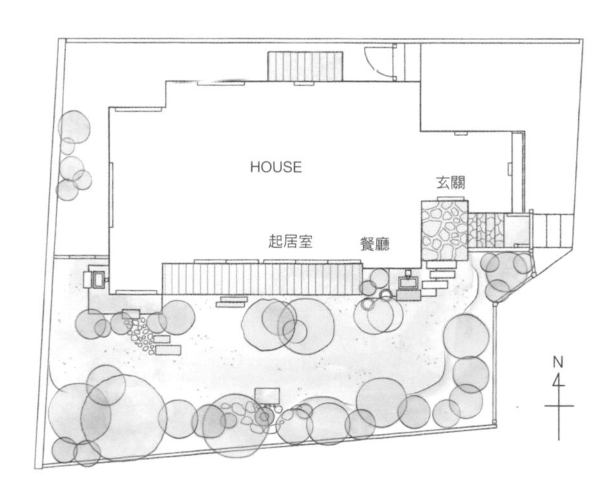

庭園的空曠地帶鋪滿木屑而不用辛苦地除草。

主要植栽

大喬木：枹櫟、楓樹、大柄冬青、加拿大唐棣、上溝櫻、酸模樹等
小喬木：刻脈冬青、腺齒越橘、紅淡比、三葉杜鵑等

在雜木庭園裡健康快樂地過生活

case02

巧妙融入西式建築的室外雜木庭園

設置曲線優美的鐵圍籬 充滿時尚感又可愛無比的庭園

東京都 H宅庭園

DATA

庭園面積：35㎡
竣工日期：2014年2月
設計·施工：藤倉造園設計事務所
（藤倉陽一）

巧妙地融合英式建築與雜木庭園，造型簡單素雅的園門與圍籬，與傳統雜木庭園大異其趣而令人耳目一新。

由起居室窗戶眺望庭園時景致。圍籬高達180cm。寬9cm的木板與厚2cm的角材分別間隔2cm，固定在橫檔上，以纖細設計為庭園背景而降低壓迫感。

蜿蜒迂迴地環繞著採光井，一直往屋後延伸的庭園通道。以裁切成塊狀的花崗岩為踏腳石，再加上以45度角組合的枕木、紅磚、裁切成塊狀的石材構成通道，為庭園增添變化。這是一條延伸後鋪成階梯狀，撒上天然石似地，以「不規則鋪設」的石材增添變化，再將枕木、紅磚與石塊組合成幾何形狀的庭園通道。

寬僅3.5公尺的庭園。栽種樹高6公尺級的枹櫟、白葉釣樟、楓樹等，連2樓窗邊都綠化，構成美麗的景致。

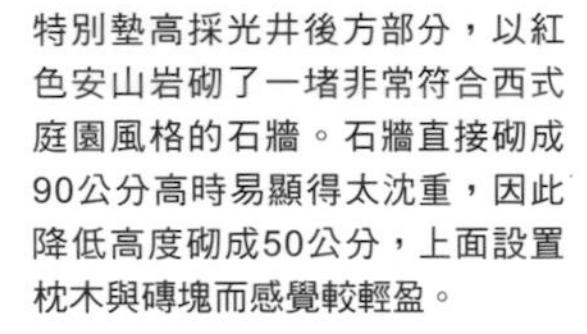

特別墊高採光井後方部分，以紅色安山岩砌了一堵非常符合西式庭園風格的石牆。石牆直接砌成90公分高時易顯得太沈重，因此降低高度砌成50公分，上面設置枕木與磚塊而感覺較輕盈。

希望闢建的庭園與憧憬已久的英式住宅很搭調

學生時代出國旅行後，屋主H就深深地愛上英國，因此，蓋新房子時，決定建築外觀一定要充滿英國住宅的建築風格，於是以道地的紅磚鋪貼牆面，還委託室內裝潢專家，終於打造這座充滿道地英國式建築風格的住宅。

其次，擬定建築計畫時，除了以英國鄉間的農家景色為設計概念之外，還懷著將歐洲人最矚目的日式庭園融合西式建築的想法，委託藤倉造園設計事務所的藤倉陽一先生，闢建枝條姿態柔美自然的雜木庭園。

設置鍛鐵圍籬樹下鋪設可愛的庭園小通道

建築物旁闢建寬3・5公尺，縱深12公尺的細長型庭園。該處地下為工作室，需要設置採光井，庭園因而被區隔成兩部分。

為了避免危險，曾經計畫於採光井四周設置圍籬，果真那麼做，闢建庭園的一番苦心將白白地浪費掉。

設置英國式庭園常見的鍛鐵圍籬，藤倉想起這個作法而順利地化解了當時的難題。因為，不管多麼厚重或優雅的設施，使用鍛鐵就能隨意地加工成曲線柔美，符合各設施風格的圍籬。

經過短暫的思考後，藤倉很快地設計出可融合建築，以鍛鐵圍籬為設計重點，完成庭園裡設有「四周雜木林環繞的可愛庭園小通道」的建築設計。

以泥土將庭園後方墊高約90公分，形成和緩的斜坡，再以枕木、舊磚塊、切割成塊狀的花崗岩、天然石材的組合，設計出趣味盎然又富於變化的庭園通道。通道兩旁交互栽種雜木，希望栽培成枝葉柔美，茂密又綠意盎然的雜木林。此外，採光井部分設置加工處理成S型柔美曲線的鍛鐵圍籬，為庭園營造優雅氛圍。

採光井旁的庭園通道。階梯狀的通道以「不規則鋪設」的紅色安山石增添變化。

施以浮雕的天花板與美術燈，俗稱天鵝尾巴形狀的窗簾、古董家具。非常道地又引人注目的室內裝潢。

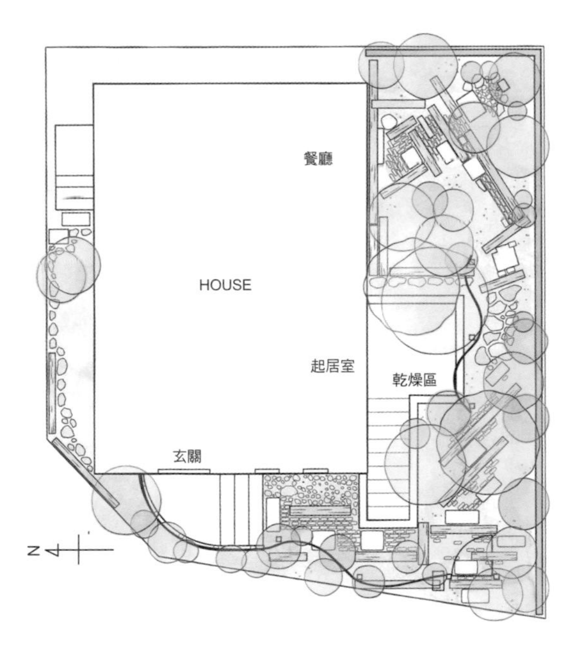

主要植栽

大喬木：枹櫟、楓樹、白葉釣樟、紅山紫莖、大柄冬青、加拿大唐棣等
小喬木：垂絲衛矛、刻脈冬青等

安裝在庭園與圍籬上的庭園照明。

描繪S型柔美曲線的鍛鐵圍籬。這是當場利用噴燈，邊加熱鐵條、邊加工處理，和庭園通道顯得很搭調的圍籬。

在雜木庭園裡健康快樂地過生活

case03

以植栽為主的雜木庭園

寬二·四公尺、縱深二十公尺 座落在狹小空間裡的「狹長森林」

東京都 小松宅庭園

DATA

庭園面積：66㎡（玄關前與庭院南側）
竣工日期：2011 年 4 月
設計·施工：高田造園設計事務所
（高田宏臣）

小松宅的玄關前景致。完工後已邁入第三個年頭，楓樹的樹幹更加粗壯，雜木林氣氛越來越濃厚的居家環境。

位於公寓南側的庭園。這裡就是寬2.4公尺的區域，已經培養成綠樹成蔭的森林，一點也看不出是夾在這棟建築與隔壁公寓之間的庭園。

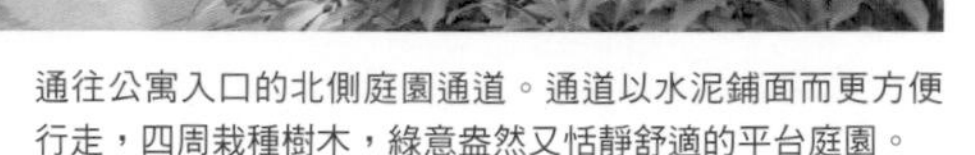

通往公寓入口的北側庭園通道。通道以水泥鋪面而更方便行走，四周栽種樹木，綠意盎然又恬靜舒適的平台庭園。

綠化自用住宅與出租公寓周邊打造恬靜舒適的居家環境

將一樓的部分空間規劃成出租公寓，再以另一部分空間和二樓為自用住宅，因此，誠如平面圖，小松宅是一棟非常有效地運用空間的東西向長形建築物。

住宅玄關與公寓以門為區隔，公寓部分由北側的通道進出，南側庭園屬於自用住宅的區域，但從公寓陽台的窗戶，也能欣賞到隨著季節更迭而展現不同風采的庭園美景。

空間不大但因栽種雜木而完成宛如森林的狹長庭園

這塊土地位於武藏野，原本為遍地雜木林，當地風土民情非常濃厚的地方。對於在這塊土地上長大的小松而言，雜木林是一個充滿回憶的遊戲場所。庭園空間變小了，但還是希望闢建一座充滿大自然氛圍的庭園，在這個強烈的想法驅使下，小松終於向高田造園設計事務所的高田宏臣提出庭園建設委託。

玄關前較寬廣，但，庭園南側為寬二．四公尺，縱深二十公尺的細長空間。

決定在這個場所重現雜木林，高田以此為目標，擬定了以樹木為中心的庭園建設計劃。以當地土生土長的枹櫟、野茉莉、四照花、梣樹等為大喬木，以耐蔭性絕佳的垂絲衛矛、刻脈冬青、柃木、腺齒越橘等為小喬木，密植於大喬木之間。

其次，每年維護整理兩次，不考慮是否會影響及庭園通道，以枝條的生長為優先，希望闢建一座宛如森林般，充滿大自然氛圍的庭園。

高田說：「採密植方式時，大喬木形成樹蔭後，樹下的小喬木生長就會受到影響，長出來的枝條更柔軟，更容易營造自然森林的樣貌。」

邁入第三個年頭，宛如小森林的庭園，樹高已超過八公尺，漸漸地形成茂密的森林，無論一樓或二樓的人都覺得賞心悅目，再也不必擔心來自隔壁公寓的視線，提供了一處非常舒適的居家環境。

上／與隔壁公寓的交界處，設置高1.8公尺的圍籬以確保隱私。下／在住宅區內形成的綠帶。

宛如環繞著停腳踏車處，玄關前、住宅旁和角地上都有植栽規劃而顯得綠意盎然的空間。建築物正面的左手邊就是南側庭園。

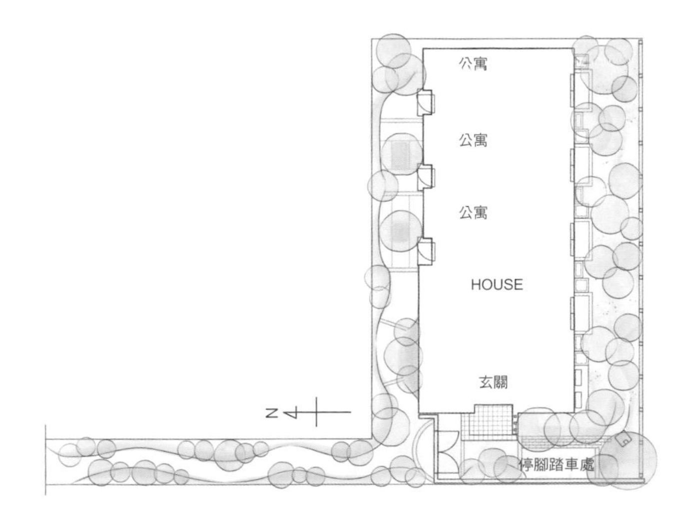

主要植栽

大喬木：枹櫟、楓樹、四照花、白雲木（玉鈴花）、梣樹、連香樹、青剛櫟等
小喬木：垂絲衛矛、落霜紅、小葉瑞木、三葉杜鵑、茶花等

連結通道與自用住宅，寬2.3公尺，縱深20公尺的通道。通道蜿蜒曲折，交互地確保植栽場所，構成恬靜優雅的綠色隧道。

case 04

在雜木庭園裡健康快樂地過生活

充滿田園生活樂趣的庭園

庭園裡闢建菜園與工作小屋一到了週末就能享受居家菜園的樂趣

茨城縣 柳瀨宅庭園

DATA

庭園面積：140㎡
竣工日期：2014 年 4 月
設計・施工：高田造園設計事務所
（高田宏臣）

一踏進玄關前的通道，蓋在草皮廣場的另一頭，四周樹木環抱的工作小屋立即映入眼簾。利用舊材料，以傳統工法搭建的小屋，雖然只是一間工作小屋，卻為庭園風格增色不少。

大門周邊的外觀。種在大門周邊與玄關旁的樹群，除營造清新優美景色外，還具備遮擋視線作用，避免由大門走上玄關通道後，隔著起居室窗戶，屋內情形被看得一清二楚。

停車場通往庭園的入口，枹櫟、四照花、楓樹等樹木的枝葉成為綠色畫框，構成欣賞美麗庭園的最佳視角。高田說：「闢建開放式庭園的植栽訣竅是，建築物旁的落葉樹群中，加入樹高2公尺左右的常綠樹。落葉樹形成樹蔭後，就會抑制常綠樹的生長，長出柔美的枝條，整個植栽看起來更沉穩。」

以圍繞在菜園四周的木板結構與圍籬統一整體設計，視覺上，菜園與庭園連成一氣，構成安定沉穩的景觀。

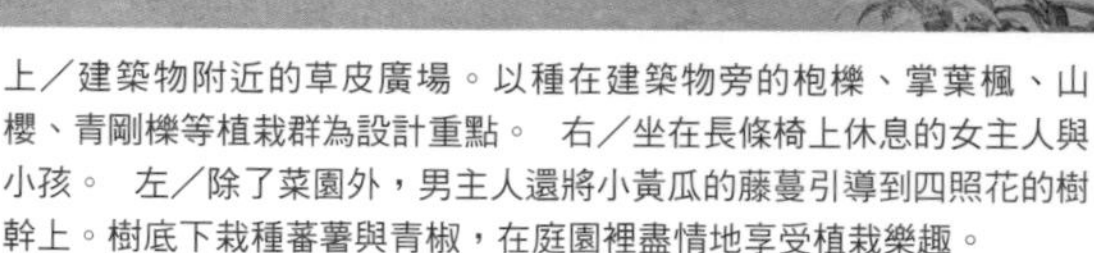

上／建築物附近的草皮廣場。以種在建築物旁的枹櫟、掌葉楓、山櫻、青剛櫟等植栽群為設計重點。　右／坐在長條椅上休息的女主人與小孩。　左／除了菜園外，男主人還將小黃瓜的藤蔓引導到四照花的樹幹上。樹底下栽種蕃薯與青椒，在庭園裡盡情地享受植栽樂趣。

將農作上不可或缺的工作小屋當做庭園的添景物

新建住宅之際，柳瀨確保了二百五十平方公尺的建地，為了闢建寬敞的庭園，將建築物蓋在建地上的西北側。緊接著展開的是開闢居家菜園。男主人深知箇中樂趣，闢建庭園之際就提出「希望闢建一座裡面有居家菜園的雜木庭園」的想法。

對於居家菜園也相當有經驗的造園家高田宏臣認為，菜園空間太小的話，將來一定無法滿足需求，因此決定在陽光充足的東南邊的角落上，開闢三十平方公尺的菜園。配合庭園的地基高度，將石塊堆高60公分以構成擋土結構，再以排水效果絕佳、適合農耕的土壤為客土。

菜園裡不可或缺的設施就是工作小屋。高田將這座工作小屋當做可從事農作的雜木庭園的象徵，視為可實際地提昇庭園樂趣好幾倍的工作場所，因此提出庭園納入工作小屋的構想。最後決定將工作小屋設置在進入大門後，可隔著樹木枝幹眺望庭園的位置，再將泥土、石灰、鹽滷攪拌成道地的三和土後，鋪設工作小屋的地面。建築物部分則利用老舊建築拆下的舊木料，以傳統工法，完全不使用鐵釘，打造一棟非常體面大方的工作小屋。

樹下設置長條椅 地面栽種草皮 闢建孩童可遊戲玩耍的庭園

大門設置在建築物與菜園之間，庭園通道寬90公分，通道兩旁以小松石堆砌植栽空間，栽種枹櫟、四照花、楓樹、梣樹、鵝耳櫪等樹木，構成綠意盎然又非常舒適的庭園空間，再以木圍籬，以及覆蓋菜園擋土磚塊的木板，統一整體設計，巧妙地融合菜園與庭園。

庭園裡規劃一條由玄關通道開始就分道，蜿蜒往內延伸，可分別通往菜園、停車場、工作小屋，充滿機能性的庭園通道。停車場與菜園旁設置兩座長條椅，除可坐下休息外，停車拿取行李或整理菜園時，還可用來擺放工具。

建築物旁設置坡度起伏不大的草皮廣場，在庭園裡規劃一處可供小孩曬太陽，大人小孩可打著赤腳一起玩遊戲的空間。

忙著將西瓜藤引導到支柱上柳瀨太太。菜園裡栽種茄子、南瓜、小黃瓜、玉米、洋蔥、西瓜、蕃薯等，「在先生的協助下，菜園裡的收成就能供應家裡所需。」

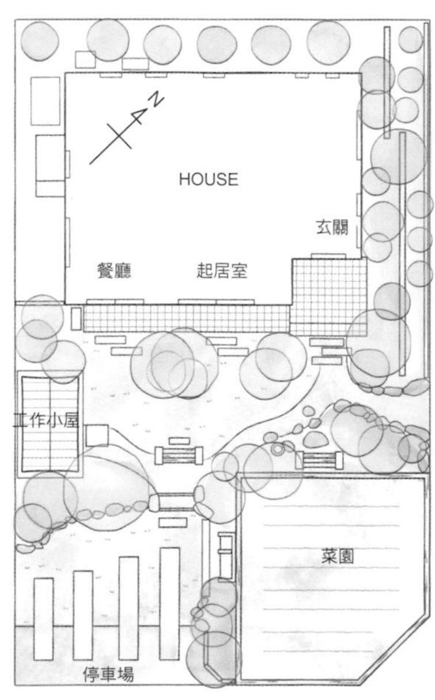

屋頂描繪著平緩曲線，屋簷下設置竹子做成的排水溝，蓋得非常優雅灑脫的工作小屋。因為充分利用而充滿著生活感。

停車場四周環繞著天然石材，再以日本野草皮與屋瓦粉碎處理而成的小瓦片為設計。水泥不容易排熱，鋪上小瓦片就能降低地面的陽光反射。

主要植栽

大喬木：枹櫟、野茉莉、楓樹、梣樹、小葉羽扇楓、加拿大唐棣、白櫟、紅山紫莖等

小喬木：刻脈冬青、光臘樹、小葉瑞木、垂絲衛矛、地中海莢蒾等

改善居家環境以欣賞四季美景

置身於完全融合古老民宅的雜木庭園裡　親近大自然而心情格外平靜

千葉縣　增田宅庭園

深秋季節。樹葉已經轉變成紅葉，將庭園妝點得更繽紛。（攝影・高田宏臣）

初夏時節的庭園景致。健康茁壯的深綠色葉片，與黃綠色的新芽形成鮮明對比，為庭園增添色彩。座落在樹蔭底下的露台，看起來好舒服。高田說：「兩側與正中央確保植栽空間，以便在露台上形成樹蔭，這就是建蓋露台的最高原則」。

面向庭園設置的大型開口處。右起分別為起居室、餐廳、走廊、和室房。起居室、餐廳與和室房設置特別訂製的木造窗框。走廊設置寬1.8公尺，高2.2公尺的固定窗。

走廊上的固定窗。栽種作為近景的枹櫟、鵝耳櫪、羽扇楓的樹幹像極了畫框。

由餐廳方向看到的初夏窗邊景色。

樹葉落盡後，透過樹梢照進屋內的秋日陽光與紅葉庭園。

由起居室眺望庭園的美景，和其他房間看到的景致不一樣，大膽設計，以大片草皮與矗立在正面後方的栲樹而令人印象深刻的庭園。

隔著紙拉門眺望庭園美景。雅石造景與水缽成了設計重點，突顯了庭園美景。後方栽種枹櫟、楓樹、光臘樹、刻脈冬青、鵝耳櫪、小葉羽扇楓、垂絲衛矛等樹木，與骨幹纖細的紙拉門非常搭調的庭園景致。

以植栽為主，一年四季都有不同的變化，賞心悅目的雜木庭園。於相同場所拍攝的初夏庭園（照片／左）與秋季庭園美景（照片／上　攝影・高田宏臣）。

古老民宅重新改造打造更舒適的居住空間

增田依據目前的生活型態，對屋齡四十六年的老房子進行大改造。素燒瓦屋頂與銅質雨遮等部分的修繕建材目前已無法取得，因此建築外觀繼續維持著原來的樣貌，將粗壯的屋樑、桁架結構、部分土牆納入現代化室內裝潢，再利用灰泥牆、實木建材，將起居室、餐廳、寢室等設施裝潢得更具現代感。

裝潢時最充分考量的是建築物與庭園的連結。並排設置寬九公尺，高二．二公尺的開口部，希望從起居室、餐廳、和室房等，任何一個廳室都能欣賞到庭園裡的美麗景致。開口部外側設置從房間就能直接出入，五感都能盡情享受庭園樂趣的圓木露台。

右／以小鯽魚來回穿梭的水缽（直徑75cm）為中心，由巨大庭石組成的水景。眺望小鳥開心喝水的情景也是庭園樂趣之一。　左／玄關周邊的植栽。構成以植栽遮擋穩如泰山的巨大庭石的狀態。左側草坪就是庭園的入口處。

樹梢灑落的陽光、習習涼風、暖和的陽光、新綠、紅葉。充滿四季變化的美麗庭園

這裡原本是一座隨處可見巨大庭石及樹齡四十多歲的老樹恣意生長，「宛如叢林般」的荒廢庭園。

「這座庭園是該想辦法整理整理了」，聽到增田的這個想法後，曾參與過老屋再生計畫的建築師幫忙介紹了造園家高田宏臣。

「希望能過著尊重自然與真實的生活」，與高田交談後，增田發現彼此對這一點的想法非常契合，因此對高田的信賴感倍增，決定將關建庭園的計畫完全委託高田。

接下重任後，高田決定將庭園外圍的栲樹、楓樹、羅漢松保留下來，其次，為了讓每個房間都能看到變化萬千的庭園，另外規劃了曲線流暢柔美的植栽空間，配置枹櫟、楓樹、羽扇楓、四照花等大喬木。大喬木底下組合栽種腺齒越橘、樺葉莢迷、垂絲衛矛、小葉瑞木、刻脈冬青、繡球花、棣棠花等植物，打造了充滿鄉野意趣的自然林。

錯落在庭園裡的巨大庭石重新組合構成水景等，在庭園裡發揮著畫龍點睛的效果。

庭園的中央地帶栽種草皮，讓人不由地聯想起明亮又輕快的草原。建築物旁重新栽種既可欣賞漂亮樹幹，又能當做近景為庭園營造遠近感的樹群，露台西側栽種枹櫟、樺葉莢迷等樹木，這些樹木除可防止露台西曬外，還發揮著綠化二樓窗邊的作用。

隔著為庭園營造風格的栲樹眺望庭園時情景。視線高度的樹圍1.2公尺，這棵樹形成樹蔭，產生涼風，吹進敞開著門窗的起居室。

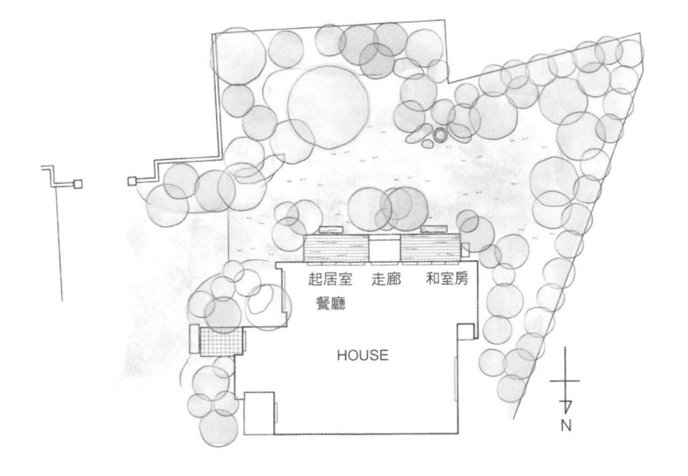

主要植栽

大喬木：枹櫟、鵝耳櫪、四照花、楓樹、栲樹、鵝耳櫪、小葉羽扇楓等
小喬木：垂絲衛矛、腺齒越橘、小葉瑞木、金橘等

建築物旁的近景是種在庭園裡的2株枹櫟與鵝耳櫪、羽扇楓的組合植栽。增田說：「庭園改造前，建築物旁未栽種樹木，因此西曬很嚴重，屋裡熱得讓人受不了。現在，不再西曬，非常涼爽，生活過得真愜意」。

成功克服空間狹小問題的玄關前庭園

喜愛庭園的屋主與造園家攜手闢建空間雖小卻清幽舒適的庭園

神奈川縣　印南宅庭園

庭園的最裡側設置長條椅，後方栽種樹木，可輕鬆休息的角落。長條椅的椅腳為深岩石（註1），椅面為俗稱太鼓材，縱向裁切而成的檜木板。

DATA

庭園面積：44㎡
竣工日期：2012年5月
設計・施工：高田造園設計事務所
（高田宏臣）

種在庭園四周與住宅旁的樹木，枝繁葉茂後，於半空中層層疊疊地交織成綠色隧道。

右／階梯通往玄關的玄關入口通道。描繪著柔美曲線，抹上花崗岩風化而成的「真砂土」後處理成洗石子狀態部分，嵌入裁切成塊狀的深岩石而成為設計重點。　下／設置露台與長條椅，可停下腳步，在庭園裡輕鬆歇息的空間。站在樹蔭底下時，微風輕輕吹過，讓人倍感舒暢。夜幕低垂，點亮庭園燈，整座庭園宛如另一個世界。

植栽部分多花些心思
闢建一座多功能
完全放鬆心情的庭園

印南非常喜歡庭園樹木，以前的住家也曾種過梣樹、光臘樹、垂絲衛矛等樹木，因此，趁著蓋新房子時，從建築設計階段開始，就委託造園家高田宏臣，希望不管庭園多小，都要闢建一座雜木庭園。經過周延的規劃，避免因配管等影響植栽，做好萬全的準備後，終於開始闢建庭園。

屋前庭園寬四公尺，縱深十一公尺，但因連結道路的階梯一直延伸到庭園裡，二樓的露台又蓋在庭園上方，因此，能夠實際地供庭園使用的面積只有3×9公尺，且玄關位於庭園的正中央，整座庭園因玄關處的入口通道而分隔成兩部分。

高田在淋不到雨水，不適合栽種樹木的露台下方，加蓋了一個房間，精心植栽而使整座庭園充滿著協調美感。

庭園周邊與窗邊
廣泛植栽打造
綠意盎然的庭園空間

設置玄關入口通道，確保最低限度的必要空間後，建築物周邊狹小處只剩下60平方公分可供植栽，庭園周邊縱深則只有四十至六十公分。高田挑選了樹形高挑，枝葉比較不會往四面八方生長的枹櫟、台灣掌葉楓、白櫟、四照花、垂絲衛矛等樹木，儘量密植，以綠油油的樹木美化庭園周邊環境。

其次，窗邊附近也規劃植栽空間，栽種枹櫟、楓樹、加拿大唐棣等，希望每個房間的窗戶都能欣賞到綠意盎然的美景。

庭園周圍與建築物旁的樹木長出茂密的枝葉後，在入口通道的半空中形成綠色隧道，樹幹像畫框似地為庭園強調了遠近感，納入各種巧思後，庭園看起來更寬敞，構成面積不大卻非常清幽舒適的庭園空間。

上部枝繁葉茂的枹櫟、楓樹與梣樹等樹木，最適合空間狹小的庭園裡栽種。空間並不寬敞，樹木卻茂密得像一座森林的庭園。

走上臺階，踏入庭園後，建築物的近景與對面的樹木宛如綠色畫框，整座庭園看起來更深幽。繼續邁步往前行，一站上玄關處，映入眼簾的是截然不同的景色，種在兩側的樹木讓人像置身於樹林間。

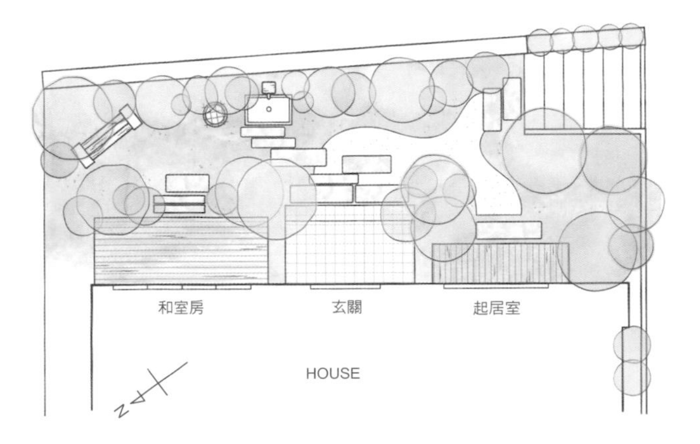

上／屋主親手製作的樹木名牌，每一棵樹木都掛著名牌。 左／照片中水景是屋主動手完成。設置直徑40cm的水缽，底下鋪放鵝卵石。缽裡栽種睡蓮，再將竹條編成格子狀後擺在上面當裝飾。

主要植栽

大喬木：枹櫟、楓樹、梣樹、四照花、野茉莉、加拿大唐棣等
小喬木：刻脈冬青、小葉瑞木、垂絲衛矛、腺齒越橘、柃木等

打造健康舒適居家環境的雜木庭園

Part 1

可讓居家環境充滿大自然氛圍的雜木庭園

高田宏臣
圖・竹內和惠

一直守護孕育著人類等萬物生命，提供最舒適生活環境的森林中樹木。打造居家環境時，充分地運用寶貴的樹木資源，孕育出舒適宜人，對生物充滿關懷，豐饒富足的居家環境，這就是關建未來庭園的必要條件。

1 現代人更迫切需要的雜木庭園

日本人的生活環境，與當地特有的富饒大自然環境的距離越來越遙遠，最具都市熱島效應象徵，足以影響人類生活品質的微氣候環境範圍日益擴大。

被炎夏烈日曬得熱騰騰的水泥地或柏油路，到了夜裡還無法降溫，一整個晚上，建築物周邊環境依然熱烘烘。

冷氣的室外機或汽車等排放的廢熱，導致都市熱島效應更加惡化，再加上缺乏可讓熱空氣降溫的樹蔭，這就是日本人廣泛居住的新興住宅區現況。

室內與室外環境完全隔絕，再以空調自由地控制完全密閉的室內溫度與濕度，這種居住方式可說是導致屋外環境更加惡化的重大因素。

過去，即便是炎熱的夏季，一到了傍晚，暮蟬聲響起時，氣溫就會下降，人們就能邊乘涼，邊輕鬆地欣賞夏日風光。住在水泥叢林般住宅區裡，即便到了傍晚，依然感覺不出一絲涼意，更遑論是欣賞充滿夏日風情畫般的夕陽美景。

與日益惡化的屋外環境隔絕，一直躲在完全密閉的室內，這種生活

覆蓋著水泥與柏油，看不到一絲綠意的住宅區。這種冰冷又單調無趣的住宅區與日俱增，漸漸地蔓延至郊區。

能感覺出其中差異的微妙氣候狀態。

建築物近旁栽種樹木，這樣的庭園能夠讓日子過得更充實。充滿大自然的舒適環境，一定會為家庭帶來無可取代的幸福。

方式，真的能夠稱為健康又幸福的生活方式嗎？

家與庭兼備的舒適生活

舒適又深受喜愛的居家環境，絕對不是只有室內就能構成。

「家庭」是由「家」與「庭」兩個字構成，由此可見，包括室外空間與環境都必須很舒適，家庭與大自然才能融為一體，人才能盡情地享受充滿休閒與療癒氛圍的美好時光。其次，該風景與環境就會成為家人們留下美好回憶的背景，人們心中不斷地累積美好回憶，不知不覺中，那樣的風景就會漸漸地成為一個人內心裡最難忘的記憶。

隨著人工打造，不適合人們居住的住宅區的陸續增加，想擁有雜木庭園的人越來越多。

2 樹木孕育出來的恬靜悠閒好時光

既不是自然風，也不是雜木風的庭園，由當地的大自然環境構成，最道地的雜木庭園需求極速竄升中。所謂充滿大自然環境的雜木庭園，係指善加利用樹木的作用，改善居家環境效果最好，植栽方式最理想的雜木庭園。

樹木的表情時時刻刻都在變化著，令人怎麼看都不厭倦。四季變化與樹葉迎風吹動的聲音，聽起來令人倍感安心與舒暢，造訪庭園的鳥兒們的叫聲與蟲鳴，連待在室內的人聽了都覺得格外悅耳好聽，讓人不由地放慢步調，更悠閒地享受美好時光。

春天的新綠、夏季的樹蔭與樹梢灑落下來的燦爛陽光、秋天的楓紅、冬季的溫暖陽光、披上雪白衣裳的樹木漂亮身影、生氣盎然的天然林木，能夠淋漓盡致地發揮這些優點的就是雜木庭園。座落在綠意盎然的樹林裡的居家環境，置身其間，就能讓人完全地改變生活步調，忘記都市裡的忙碌生活。

不管屋外空間多狹小，闢建雜木庭園，就能夠透過植栽，培養出越來越美好，和大自然一樣充滿著蓬勃生命力的居家環境。

一到了週末，不必大老遠地跑去接觸大自然，在種滿樹木的生活空間裡就能紓解疲憊的身心，讓人有更多的時間療癒身心，隨著時間的流逝而活力更充沛。

現代化生活中，人工打造，冰冷又單調無趣的居家環境越來越常見，自然而不是刻意地打造，功能絕佳而不是只有外觀上漂亮，靠樹木打造出來的舒適環境將越來越受期待。

楓紅季節，色彩格外繽紛的雜木庭園。待在屋裡就能深深地感覺出時光更迭與大自然的變遷。

將一直在人類與大自然密切互動中孕育出來的當地森林中樹木組合在一起，成功闢建深具當地特有大自然環境的未來雜木庭園。

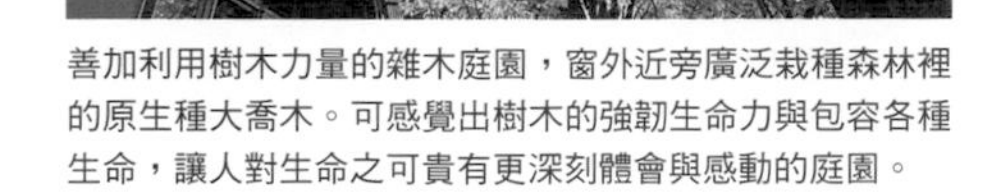

善加利用樹木力量的雜木庭園，窗外近旁廣泛栽種森林裡的原生種大喬木。可感覺出樹木的強韌生命力與包容各種生命，讓人對生命之可貴有更深刻體會與感動的庭園。

微氣候：人類的生活圈，亦即地表1.5公尺左右的大氣層氣候。容易受到地形、周邊環境、地面的陽光反射、空氣流動、周邊建築物配置、樹木配置等因素之影響，置身都市或住宅區內也

Part2

打造舒適居家環境的樹木功能

因為自然樹木配置非常恰當，居家環境舒適度出現驚人的變化。植栽前務必了解樹木的功能，以便更有效地運用該功能。

近年來，生活周遭的大自然環境越來越少，人們對於庭園能夠發揮的大自然環境改善效果變得更迫切需要，而嶄新型態的未來雜木庭園，就是這時候最需要，最能夠淋漓盡致地發揮樹木功能的庭園。

本單元中特別將打造舒適居家環境前一定要知道的樹木功能歸納為以下三項：

1 樹木具備改善居家微氣候的功能。

2 樹木具備增進身心健康的功能。

3 樹木具備幫助孩子們健全成長（體驗大自然的場所）的功能。

深入了解樹木的功能後，就能掌握到居家庭園裡栽種、培育樹木的重要方向。接下來將針對如何有效地運用有限的庭園空間，以便在日常生活中盡情地享受豐富的樹木資源，做詳盡的解說。

1 樹木具備改善居家微氣候的功能

夏季期間可為熱烘烘的居家環境帶來絲絲涼意的樹木功能

讓人更涼快地度過炎熱的夏季，這就是雜木庭園的最大魅力之一。

栽種樹木對於夏季氣溫的冷卻效果原理如圖1，可大致分成三大作用。

單純地想要遮擋陽光的話，安裝遮陽棚就能形成陰影，不需要大費周章地種樹。栽種樹木的冷卻效果不只是遮擋陽光這種物理性效果而已。水分由枝葉部分蒸散後，周圍的大氣就會幫旁吸收氣化熱，促使大氣溫度冷卻下來，站在枝葉茂盛的大樹下就會感到一股涼意，即表示樹木確實發揮了該作用。

栽種枹櫟等具堅強生命力的落葉大喬木，形成樹蔭後，除遮擋烈日外，茂盛的枝葉還會產生蒸散作用，釋放出氣化熱，幫忙調降氣溫。

（圖1）樹木對微氣候的改善原理
（資料來源：《これからの雑木の庭[註]》）
（註）未來的雜木庭園

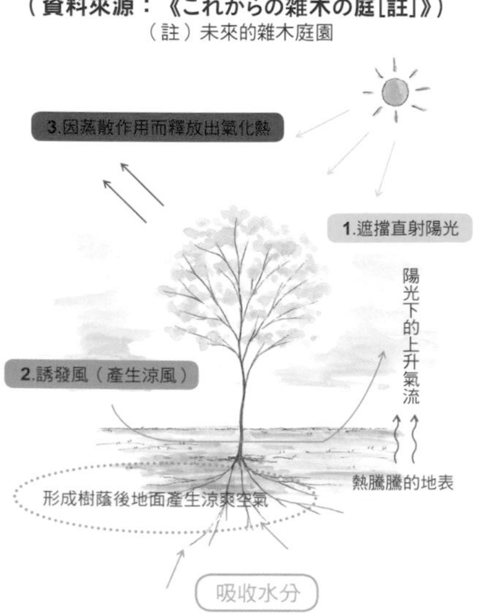

（圖2）建築物旁植栽狀況下的體感溫度

氣溫　28℃ ⟵ 溫差 -5℃ ⟶ 樹蔭下：體感溫度23℃
濕度　60%
風速　0.5m/s
蒸散
蒸散
草地　（地表溫度21℃）
草地

（參考文獻：《庭》第186期「暮らしの中へ緑の力を（註）」 作者：田島）
（註）將綠色的力量納入日常生活中

（圖3）建築物旁未植栽狀況下的體感溫度

氣溫　33℃ ⟵ 溫差 +6℃ ⟶ 陽光下：體感溫度39℃
濕度　50%
風速　0.5m/s
水泥、柏油等
（路面溫度50℃）
水泥、柏油等

（參考文獻：《庭》第186期「暮らしの中へ緑の力を」 作者：田島）

另一個重要功能是，樹木在地面上形成樹蔭後，就能發揮冷卻地表溫度的效果。

地面與牆面因為樹蔭遮擋而冷卻，人體感受到的溫度（體感溫度）就遠低於實際的氣溫。

在樹蔭下與柏油路上人們感受到的溫度（體感溫度）差異高達十度以上

圖2、圖3就是在建築物旁栽種大喬木後形成樹蔭的狀況下，以及連建築物旁都覆蓋著水泥，完全沒有樹蔭遮擋陽光的狀況下，人們的體感溫度差異意象圖。從圖中就能清楚看出，建築物旁栽種大喬木而形成樹蔭後，窗邊的體感溫度差異高達十度以上。

倘若將此溫度加上實際的溫差，因地面陽光反射而產生的輻射熱差異更大。

關於體感溫度，在公園的大樹底下，氣溫就算高達三十度，人還是覺得滿涼爽舒服，相對地，在覆蓋著柏油，交通異常混亂的紅綠燈處，氣溫達到三十度時，人就會因為來自地面或大樓的輻射熱而熱得受不了，一點也不想在該處逗留。

這就是體感溫度，考量居家舒適性時，必須立於緩和體感溫度觀點，除考慮實際溫度外，還必須形成樹蔭以遮擋周邊地面或牆面，設法便降低輻射熱。

圖4為建築物四周有防風林與無防風林狀況下，土地上的平均輻射溫度（MRT）比較圖。

平均輻射溫度係表示來自周邊的輻射熱溫度，例如：夏季期間烈日曝曬時，水泥表面溫度就會升高，地面因樹蔭遮擋陽光而冷卻時，溫度就下降。平均輻射溫度差異對於體感溫度有決定性影響。

平均輻射溫度可能因土地上是否栽種樹木而出現二十度以上（最高四十度）差異。被炎炎夏日曬得熱騰騰的柏油路，再加上水泥結構，導致人們居住的都市熱度遠超過實際的溫度，由這一點就能看出，居家環境大不如前的情形。

希望屋外形成涼爽的空氣，只能靠成長至半天高又長出茂密枝葉的樹木。充分利用樹木，靠大自然的力量，將室內與室外都改善成適合人類居住的環境，天冷或天熱時稍微忍耐一下，就能在鳥叫蟲鳴的陪伴下，健康快樂地過生活，建議不妨以此為目標，努力地找出最佳的方案。

（圖4）下午三點，高1.2m的平均輻射溫度（MRT）分布計算結果

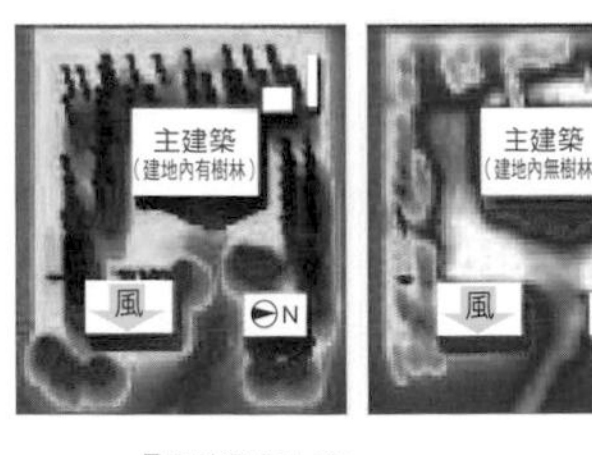

（資料來源：《環境の管理（環境之管理）》第68期2009）

努力地維護居家環境以因應強風與乾濕等劇變

居家環境變得不適合居住的最主要原因，不只是夏季的酷熱天氣。濕氣太重或環境太乾燥，完全沒有遮擋地狂吹的風等影響，都是很重大的因素。

日本原本是一個周邊都是耕作田地的平原地帶才有村落等，容易發生颱風或季節風等強風吹襲的地方都確實做好防風對策，非常重視天然災害的國家，因此，建築物四周都會栽種高大的樹木，那就是所謂的防風林。

防風林的作用不只是保護建築物免於強風吹襲，建築物四周環繞著樹木時，洪水等緊急災害發生時，還可保護建築物免於水災或土石流等侵害。平時則可緩和夏天的暑

富山縣礪波平原的散居型村落。為了維護錯落在扇形田地間的居家環境，避免遭立山群峰的季節風吹襲，建築物四周都栽種防風林。直到現在都還能看到平原上錯落著防風林的獨特風光。

氣，掉落的枝葉等還可當做炊煮飯菜的燃料，落葉則是堆肥的絕佳原料，都是非常寶貴的資源。

過去，日常生活中，人們相當廣泛地利用著防風林，林子裡都隨時整理得很乾淨，因此空氣很流通，環境非常舒適，颱風或季節風吹襲時，都能抵擋吹過平原的強風，確實地發揮著維護居家環境的功能。

關於樹木緩和強風的效果，位於上風處時，影響距離長達樹高的五倍左右；位於下風處時，影響距離長達三十倍（請參照圖5）。亦即：居家環境中錯落著森林時，除森林中的改善效果外，還能有效地改善整個區域的微氣候。

（圖5）具弱化強風作用的樹木功能

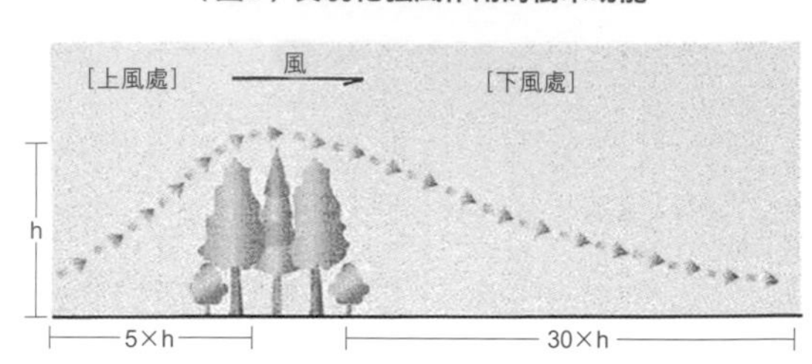

（資料：樫山德治「內陸防風林」林業技術（1967）

抵擋強風引入微風的樹木功能

看看位於沖繩縣本部半島尾端的倍瀨村落的情形吧！

直到現在，整個村落裡還遍地栽種著素稱菲島福木，屬於熱帶性樹種的防風林，走在路上就能享受到樹蔭底下吹來的習習涼風，即便炎夏汗水淋漓也一下子就被吹乾。長年以來，這些樹木都抵擋過亞熱帶地區的烈日曝曬、海風吹襲，以及每年都會朝著島上直撲而來的颱風，稱職地保護著村落環境。

以沖繩為首，位於亞熱帶地區的南西群島，係以葉片肥厚，耐海風能力強，遮蔭效果絕佳的菲島福木為防風林的主要樹種。

那麼，實際栽種這種防風林到底具備多大的效果呢？讓我們一起來看看吧！

圖表1為2011年第9號颱風發生時，四周環繞著防風林的那霸市內古建築（中村家宅邸・國家指定的重要文化資產）觀測到的風速，與那霸、宮城島測候站所觀測到的風速比較表。

當時，那霸的平均風速為十五公尺，最大風速為三十公尺，宮城島的平均風速為二十公尺，最大風速高達三十公尺，但，防風林裡的平

沖繩縣備瀨村落的防風林。

栽種菲島福木的防風林。（沖繩縣）

（圖表1）颱風來襲時的風

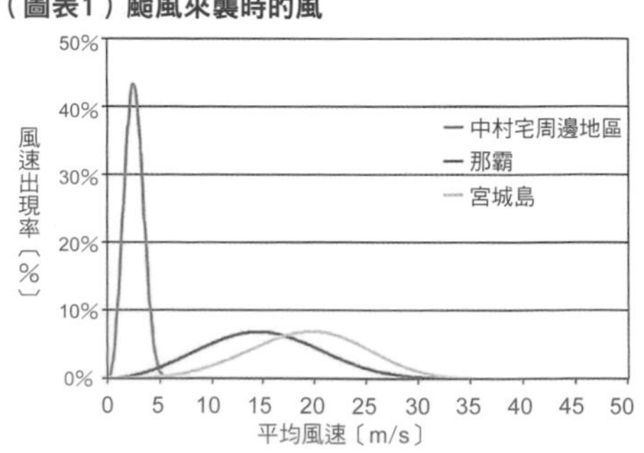

（參考文獻：《中村家住宅のひみつ 琉球赤瓦の屋根に学ぶ（註）》（遊文社）

（註）中村住宅的祕密——向琉球赤瓦屋頂學習

植栽後半年的雜木庭園。目前最迫切需要的是，可善加利用樹木功能，打造舒適生活環境的植栽方式。

均風速才二・五公尺，最大風速也才五公尺，幾乎和平常一樣，從圖表中就能清楚看出，防風林確實發揮了效果。

另一方面，觀察平時風速（請參照圖表2）時發現，沒有防風林的地方，即便幾乎不會出現風速一、兩公尺的微風時，防風林裡也會隨時吹著微風。

從這一點就能看出，居家環境中栽種樹木，並不是單純地擋風，還會隨著風的強度，調節通風狀況。

除半空中的枝葉隨風飄動而削弱強風的風勢外，樹木的枝葉形成樹蔭後，將樹下枝條修剪乾淨，就會形成綠色隧道空間，構成通風管道，天氣晴朗的時候，還會因為樹蔭下與太陽下的溫度差而誘發微風。

產生微風後，即可消除空氣中的廢氣，排除積存的濕氣，調節環境中的乾濕度，為人們打造隨時都清爽舒適，可健康地生活的環境。

樹木就是這麼了不起。過去，日本人很擅長運用樹木功能，積極改善生活周遭環境，除用於改善室內環境外，還會針對整個居家環境，甚至是整座城市，希望將整個環境改善得更舒適、更適合居住。

在當前居家環境的種種限制下，雜木庭園植栽應該是靠大自然的力量，將居家環境，乃至周邊環境，改善得更舒適的目的之一。目前，打造一座現代的防風林，可說是雜木庭園的最理想狀況吧！

（圖表2）正常狀態下的風

（參考文獻：《中村家住宅のひみつ－琉球赤瓦の屋根に学ぶ》（遊文社）

2 樹木具備增進身心健康的功能

人必須在大自然的溫暖懷抱中才能確保身心健康

環境中栽種著有助於打造雜木庭園的樹木，這樣的居家環境，除改變居家微氣候效果外，對於增進居住者身心健康方面的影響更為深遠。

人原本可從生命的溫暖中獲得療癒與慰藉。居家環境中充滿人工打造的無機質素材後，人終於了解到，這樣的環境很容易讓人在不知不覺中就危害到自己的健康。

接著談到建築素材之影響，據相關研究結果顯示，相較於住在水泥建築裡的人，住木造房子的人平均壽命大約增加九年。好處還不只這些，住木造房子的人，罹患流感或癌症的機率，也遠遠低於住宅區或高樓大廈等水泥建築裡的居住者。住在水泥建築裡的人，罹患不孕症、成長障礙、精神障礙等，甚至是出現暴力攻擊傾向的機率也比較高，讓人覺得有點可怕的調查結果接二連三地發表出來（島根大學中尾哲也研究報告等）。

當地樹木、灰泥建築，以及屋外的樹木。這麼理想的居家環境，對於增進身心健康才會有重大的影響。

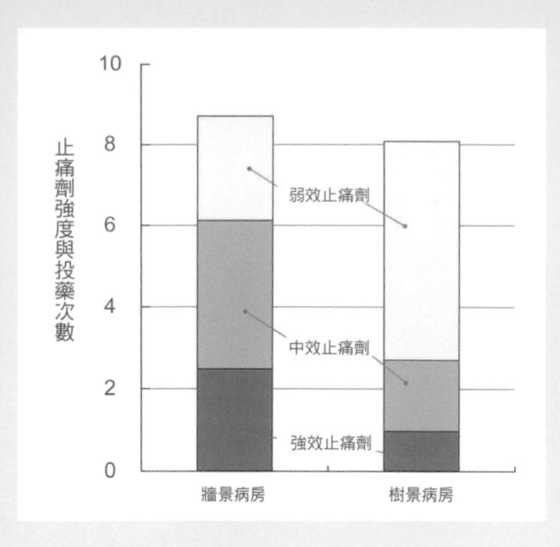

（圖6）病房景觀對於術後患者投予鎮靜劑之影響比較圖（術後2～5日）

（參考文獻：SCIENCE.VOL.224 1984年 ROGER S.ULRCH）

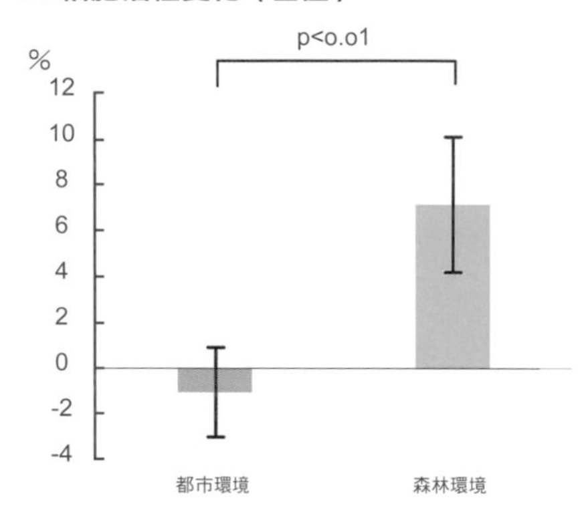

（參考文獻：摘錄自林野廳《森林の健康と癒し効果に関する科学的実証実験報告書》）

（註）森林的健康與療癒效果相關科學性驗證實驗報告

以有生命的素材與無機質素材打造的建築物，對於人體健康之影響竟然有這麼大的差異，因此，從這一點就能輕易地了解到，居家環境是否自然豐富又充滿情趣，對於人們的身心有多大的影響吧！

因此，充滿當地大自然環境的道地雜木庭園的需求極速地成長。充滿大自然環境的雜木庭園，指的就是這種能夠活用樹木功能，改善居家環境的庭園、植栽的最理想狀態吧！

住樹景病房患者術後康復速度快

關於樹木的功能，美國賓州醫院曾針對病房環境對於患者術後之影響，進行過一項非常有趣的調查。將接受膽囊摘除手術患者居住的病房，分成窗景病房與牆景病房兩組，進行術後止痛劑強度相關比較。

比較結果如圖6所示，術後第二天至第五天的恢復期，差異最顯著。

住樹景病房的患者，術後早期階段就不需要強效止痛劑，使用弱效止痛劑就能發揮止痛效果，從圖中就能清楚看出兩者差異。其次，據報告中顯示，住樹景病房的患者，術後併發症發生機率也明顯低於另一組。

由此可見，樹木的療癒效果，亦可說是人類生命活化後產生的康復效果。

相較於都市環境置身於森林環境中更能提昇免疫力

綠色環境對於人體機能到底會造成哪些影響呢？一起來看看相關調查結果吧！

圖7是針對人在缺乏綠色的都市環境與森林環境裡，從事運動之前與之後，體內NK細胞活化狀況變化與兩者差異進行的調查結果。

NK細胞（自然殺手細胞）為具備癌細胞與病毒感染細胞抑制作用的人體內免疫細胞。

亦即：NK細胞的活性越低，癌細胞越容易增生，人體對抗病毒感染的抵抗力也會跟著下降。

從研究結果就能清楚看出，人住在有豐富綠色資源的森林環境裡，體內的NK細胞活性就明顯高於住在都市環境中的人，亦即：人住在綠色資源豐富的環境裡，就能提昇人體的抗病能力。

近年來，森林浴與森林療法突然成為眾所矚目的焦點，原因在於，人們深深地感覺到，不知不覺中，維護人體健康絕對不可或缺的良好自然環境，已經持續地從都市生活環境中消失。

居家庭園裡充滿生氣蓬勃的自然環境，那麼，樹木就會肩負起關懷生命，維護身心健康的重責大任。

人距離周遭自然環境越遠，只是這樣，健康與人的距離也會變得更加遙遠。

置身於森林環境中就能消除負面情緒讓人變得更積極進取

從過去的調查報告就能了解到，綠意盎然的大自然環境，對於增進人體健康是多麼地重要。

那麼，除增進人體健康效果外，人處在都市環境裡與森林中，心理狀態與心情到底會出現什麼樣的變化呢？以下就是相關檢查結果（圖8）。

綠意盎然，維護健康絕對不可或缺的環境。就近接觸大自然環境的機會越來越少，目前最需要的是雜木林般充滿大自然環境的庭園。

（圖8）人置身於森林中與都市空間裡的心情狀況比較檢查

60
50
40
30
緊張・不安
憂鬱・情緒低落
發怒・敵意
活力
疲勞
混亂
都市環境
森林裡

（參考文獻：日本林學會誌 85 [1] 2003）

這是針對人在都市環境裡與森林中自由行動之前與之後，出現的心情上變化，進行調查後，分門別類彙整出來的結果。

這份調查結果清楚地顯示出，人置身於都市環境裡，不安、鬱悶、發怒、疲勞、混亂等負面情緒比較嚴重，相對地，人處於森林中時，活力等正面精神狀態比較高昂。

從調查結果中就能清楚看出，人待在綠意盎然的森林中，更容易放鬆心情，全身充滿著活力，心理狀態更健康。「置身大自然環境中，日子過得比較慢」，這句話經常會聽到，這就證明心情完全處在放鬆狀態。

過去，日本人都是透過與樹木、大自然的對話而讓身心狀態更協調，日本的俳句、短歌、民謠或童謠等歌謠中，就有非常多關於植物與風景等大自然環境的深刻描寫，從這一點就能了解環境的重要性吧！

人總是將自己的心情投射在樹木或大自然變遷上，認為人生無常、變不講理等不如意的事情是自然界之常情，努力地療癒身心後，再度昂首闊步繼續往前邁進。

現代人的日常生活中，幫忙療癒心靈的大自然環境越來越少，因此必須靠雜木庭園扛起維護心靈平衡的重任。

曾經為孩童遊戲場所的山野。孩子們一整天都在山野中追逐奔跑，隨處可見樹木、花草、昆蟲，對孩子們至為重要的學習場所。

3 樹木具備幫助孩子們健全成長的功能

如前所述，人希望身心健全地生存，那就必須積極地接觸豐富的大自然環境。

接觸大自然而活化五感功能、接觸大自然中的各種生物而了解到生命的可貴，都是孩子們健全成長絕對必要不可或缺。

最貼近人們生活的大自然中的生物，就是能夠幫助人類了解自己也是生物中之一環，讓人更深刻地感受到各生命體間的密切關係的重要對象。

小時候就有這方面的體驗，過去，人們將此視為理所當然，現在，這樣的體驗越來越難以實現。

生在這樣的時代，更迫切需要的是，能夠重現大自然運作，充滿生物氣息的大自然環境，像過去的山野一樣，可當做孩子們的大自然體驗場所等功能的雜木庭園。

必須設法突破過去的「庭」框架。

孩子們需要的不是經過整理，妥善管理的「庭」，而是有各種生物造訪，時時刻刻都在變化，充滿大自然環境的庭園空間。這才是未來時代最理想的雜木庭園。

在小小的空間裡重現當地大自然環境的雜木庭園。維護當地居民身心健康的作用也值得期待。（小松宅庭園）

青蛙、獨角仙，棲息著各種生物的雜木庭園，對孩子而言，這是非常寶貴的大自然體驗場所。

Part3

關建庭園時充分運用樹木形成環境的作用

何謂「樹木形成環境的作用」？

完全沒有經過人工整理，位於深山裡的自然林。因為林冠茂密的大喬木而形成良好環境，各種樹木、植物、生物於森林下空間健康成長又密切互動，孕育出更豐富多元的生命。

希望打造舒適的生活環境，最重要的是樹木的力量，亦即：必須了解對樹木本身或其他生物打造良好環境的作用。

樹木具備改善當地環境，改變周邊的氣候、土壤・水・空氣，以及溫度、風、濕度所有環境狀態的力量。

本書中稱這些力量為樹木形成環境的作用。

過去，日本人非常了解樹木形成環境的作用，懂得利用這些作用，將生活環境改善得更舒適。

樹木形成環境的作用非常多，以下列舉的就是主要的作用。

樹木形成環境的作用

1. **改善土壤、水質、空氣的作用**
2. **改善微氣候的作用**
3. **保護土地的作用**
4. **孕育多樣化生態系統的作用**

思考樹木形成環境的作用時，如圖1區分成根部、枝葉及枝葉下空間三部分更容易理解。

（圖1）樹木形成環境的作用

枝葉的作用
林地空間
根部的作用

1 改善土壤・水・空氣的作用

改善土壤 孕育水資源的根部作用

豐饒又乾淨的土壤・水・空氣，除了人類需要外，同時也是各種生物生存上絕對不可或缺。乾淨的土壤與水與空氣也都是源自於樹木。

某種意義上，樹木可說是所有生物生命的根基。

其中，與土壤、水關係最密切的是樹根部位的作用。

樹木根部的生長狀況與形狀因樹種而不同。大喬木的根部通常深入地下，或在地表上延伸相當大的面積，或與纏住其他樹木的根部、土壤中的岩石等以支撐自己。

風吹過時，枝條與樹幹隨風搖動，樹木的細根被扯斷後會重新長出。

被扯斷的細根在土壤裡化為有機物質，成為微生物、菌類與土壤中生物的食物，最後分解成土壤。枯死的樹根腐蝕後形成空隙，雨水就沿著空隙流入土壤中儲存。

其次，樹幹受到強風吹襲而搖晃時，就會經由粗根，對大地產生微妙的震動，震動後形成空隙，空氣與水，以及地表微生物、菌類等，就會經由空隙，被送進地下深處。

歷經數百年時光，淨化土壤，水質與空氣的大樹。（筑波山 日本山毛櫸）

長成大樹的鬣蕸栲。由在土壤裡生長延伸的龐大根群，支撐著粗壯的樹幹。

然後由豐富的土壤生物接棒，分解枯死的根部等有機物質後，由土壤深處開始，徹底地改善了土質。

落葉分解後形成土壤，一直以來大家都這麼認為，事實上，那是極為表層的作用。根部在土壤裡反覆地枯死後再生，深入地下數公尺，孕育出有機物質含量高與保水力絕佳的森林土壤，完全是靠樹木根部的力量。

庭園裡也一樣，長久栽種樹木，連地底深處的土壤都能獲得改善，土質變得更好。樹木對於土壤的改善效果，即便只有短短的幾年也能感覺得出來。

其次，森林素有天然水缸之稱，樹木根部功能改善了森林裡的土壤，在充滿微細空隙的土壤裡，形成廣大的天然儲水槽，用於儲存雨水，隨時都能穩定地滲出地下水而形成河川。（圖2）

倘若森林結構不健全，下大雨時，土壤就無法儲存雨水，大量的雨水與砂土就會傾瀉而出。

庭園也一樣，整地、將地基處理得更穩固，蓋好房子後，尚未栽種樹木狀態下，雨水難以滲入土壤裡，庭園就很容易形成積水。栽種樹木後不到一年，庭園的滲透性就會明顯地改善，不太會出現積水等情形。

這就表示庭園裡的土壤環境，已經因為樹木改善土壤的功能與保水作用而改善，漸漸地轉變成適合樹木與生物健全生長的環境。

（圖2）森林土壤過濾雨水的過程

雨水
保水力較強的森林土壤
地下水流
泉水、流向地表
粘土、岩盤等

雨水經由樹木根部孕育出來的豐饒森林土壤，儲存、過濾後，慢慢地滲出，在地表上形成小溪流。

淨化空氣的新鮮氧氣與樹木的揮發性物質的功能

眾所週知，樹木是行光合作用後產生氧氣，但，必須特別留意的是，植物照射到陽光後，即便白天，也會隨時地釋放出剛產生的新鮮氧氣。這時候產生的氧氣不是空氣中成分，持續地在空氣中飄散的氧氣，那是枝葉行光合作用後剛產生，非常乾淨，充滿生命力的氧氣。

其次，樹木產生氧氣時，也會因為蒸散作用而釋放出各種揮發性物質，其中包括源自於樹木中所含精油成分，統稱為芬多精，具殺菌作用的揮發性物質。

樹木形成芬多精原本是為了保護自己，避免病原菌等之危害，因此，據相關研究結果顯示，該物質的除臭、淨化空氣效果確實非常強。

芬多精的化學成分因樹種而不同，過去，日常生活中，人們相當廣泛地運用到該藥效，譬如說，枹櫟、栗子樹等植物的單寧成分的含量就很高。

單寧成分具備軟化血管、治療高血壓，以及治療皮膚發炎等效果，樹葉與樹皮廣泛地供醫療上使用。檜木、羅漢柏富含檜木醇等殺菌效果絕佳的成分，具備消炎、鎮靜、止咳等藥效。

此外，檜木是自古以來廣泛用於製作壽司飯台的材料，原因是具備殺菌作用。日本花柏的葉子富含花柏酸，具備防止氧化作用，因此，盛裝壽司的容器裡都會鋪著這種葉子，用於維持壽司的新鮮度。

此外，製作櫻餅（註1）時使用的櫻花葉所含香豆素，或製作柏餅（註2）時使用的槲樹葉所含丁香酚等，都是廣為人知，抗菌作用絕佳的成分。

森林裡的富饒土壤儲存、淨化豐沛的水資源，清涼的水源源不絕地流出，一年四季都有豐沛的水流。

新鮮的氧氣與生命力旺盛的樹木，釋放出芬多精等物質，周邊的空氣變得清新又舒爽。尊重樹木生命力的雜木庭園，為居家周邊環境提供最新鮮健康的空氣。

因為伴隨樹葉生命活動的呼吸與蒸散作用而淨化空氣，持續地將維持身心健康效果絕佳的芬多精釋放到庭園裡的健康樹木。

樹木是最天然的空調裝置。庭園裡存在著健康的大喬木，就會自然地形成對人類等各種生物而言都非常舒適的環境。

這些成分大多伴隨著蒸散與呼吸作用，經由葉片揮發而散布到空氣裡。

樹木的揮發性物質淨化空氣作用的強度與特性因樹種而不同，通常，植株越健康，生命活動越旺盛的樹木，淨化殺菌作用越強，可說是產生新鮮空氣，讓人覺得森林特別有活力的主要原因。其次，以更豐富多元又能夠健康地成長的自然樹木為中心，構成狀況最理想的雜木庭園，就能產生增進健康效果絕佳的空氣。

（註1）櫻餅：櫻花麻糬。糯米類外皮，紅豆餡，最外層包裹鹽漬櫻花葉的日式傳統甜點。

（註2）柏餅：外層包裹日文稱「柏」的槲樹葉的豆餡年糕，日本端午節的應景食品

2 改善微氣候的作用

改善微氣候的作用已於前述章節中說明過，因此，本單元將予以省略，其中最主要的作用如下：

・調節日照

調節照進樹林裡的陽光。

・調節風量

阻擋強風，納入弱風。

・緩和溫度、濕度變化

穩定維持樹林裡（樹下空間）的溫度、濕氣。

這些樹木的作用，除可用於形成更容易維護樹木健康的森林內環境外，還可用來打造讓各種生物更健康地生長的環境。

3 保護土地的作用

近年來，日本各地不斷地發生前所未見的大豪雨。地球暖化現象越來越嚴重，絲毫看不出踩煞車的跡象。將來，人們未曾經歷過的狂風暴雨，一定會像家常便飯一般，伴隨著風雨而來的洪水、土石流等災害的發生機率越來越高。

因此，我認為，生在這樣的時代，人更應深入地了解樹木根部保護土地的功能。接著請看散落在島根縣出雲平原稻田間的建築與防風林照片。

在修剪得很高，素稱築地松（註）的樹籬環繞下，建築物錯落建蓋在稻田間的情景，直到現在都還能夠看見。

這是非常獨特的樹籬，冬季期間可保護居家環境，抵擋日本海方向吹過來的寒冷季節風，因此成為當地最傳統的配備。但，事實上，這些樹籬並非單純地防範強風的對策，更是保護四周都是稻田的建築物基地，避免因洪水或水位升高而流失，肩負著決定生死存亡的重責大任。

團團圍繞在建築物四周的樹木，根部緊緊地抱住大地似地，避免土地因豪雨或洪水沖刷而流失。

註：出雲平原的防風。

矗立在出雲平原稻田間的建築物與防風林。

配置在建築物四周的生垣（註），日文又稱「垣根」，源自於「樹木根部形成的垣」，古人早就知道樹根肩負著保護居家環境的重任，因此廣泛用於維護家園的安全。

考量樹木功能時，除眼睛看得到的效果外，對於眼睛看不到的部分必須格外用心。

居家環境必須安全，人才能住得舒適又安心，從生活與樹木共存的景觀中，就能找到促成最理想植栽的線索，讓人實際地體會到被樹木保護的感覺。

（註）垣：恒牆、籬笆、柵欄。生恒：樹籬。恒根：籬笆、柵欄、圍牆、牆角下。

緊緊地抓住土地，防止土壤流失的樹木根部（樹籬）功能。

4 孕育多樣化生態的功能

森林環境中，樹木必須在各自的形成環境作用的影響下，在眾多樹木的反覆競爭與淘汰才維持平衡的狀態下生存。

其次，森林的地下是孕育菌類、微生物等土壤中生物的溫床，樹林內空間則是活用森林形成的各種微氣候空間，維持生態系統平衡的各種植物、動物能夠和平相處，才能漸漸地形成，充滿當地特色又富饒的自然環境。

樹木絕對無法單獨地生存。希望打造健康又充滿活力的庭園環境，那就必須充分考量樹木的組合、土壤環境、微氣候條件等，用心地打造最完整的生態系統。

孕育豐富多元生命的森林環境。

庭園植栽活用樹木形成環境作用的訣竅

最重要的是，為庭園挑選最主要樹木時的大喬木挑選方法，因為，樹木改善環境的能力因樹種而大不同。

成熟的森林環境（北關東的山毛櫸林）。森林裡隨處可見大喬木，形成良好的微氣候環境，樹下空間更舒適，各式各樣的小喬木與灌木等健康成長的森林。

挑選形成環境能力較強的喬木樹種作為雜木庭園裡的主要樹木

自然又健康的森林，通常由大喬木樹種扛起打造森林環境的重任，其次，大喬木抑制陽光與風，環境獲得改善後，亞喬木、小喬木、灌木、花草等共享上、下層空間，健康地成長。

重點是，森林裡的大喬木樹種，與在大喬木下環境中生長的樹種，兩者的樹木形成環境的能力截然不同，對這部分必須有充分的了解。

佔據森林的林冠（＊），必須面對直射陽光與強風的大喬木樹種，形成環境的能力通常比較強，在大喬木形成的寧靜森林環境下，安穩生長的亞喬木以下林內樹木，形成環境的能力遠遠不及大喬木樹種。

極力地想要改善居家環境時，重點是，必須以森林的大喬木樹種為庭園裡的主要大喬木。森林裡的大喬木樹種生命力通常都很旺盛，栽種後，很快地就能發揮改善居家環境的效果。

其次，根部的成長速度也比較快，改善土壤能力也比較強，栽種後很快地就能培養成植物健康成長的庭園，這就是栽種大喬木的最大優點。

日本關東以西地區最普遍栽種，廣泛作為一般雜木庭園主要樹種的落葉大喬木、亞喬木等樹種，只是其中的一小部分，以下就是立於樹木改善環境能力觀點進行的分類。

森林裡的大喬木樹種（落葉樹）

枹櫟、鵝耳櫪、山櫻、麻櫟、櫸樹、連香樹等

森林裡的亞喬木、小喬木樹種（落葉樹）

大柄冬青、赤楊葉梨、台灣掌葉楓、掌葉楓、小葉羽扇楓、梣樹、野茉莉、光臘樹、四照花、紅山紫莖、合花楸等

（圖3）大喬木樹種、亞喬木、小喬木樹種之結構

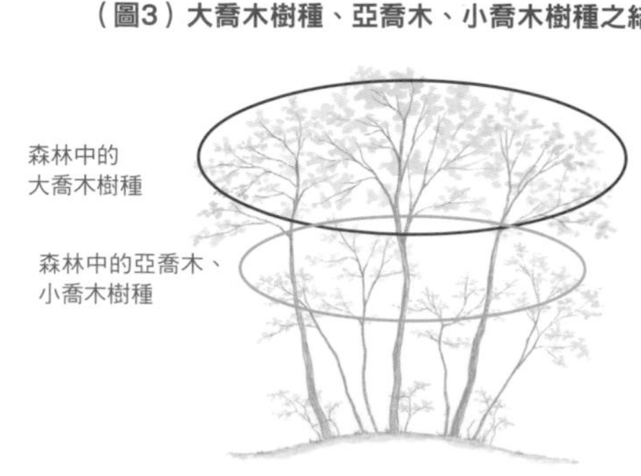

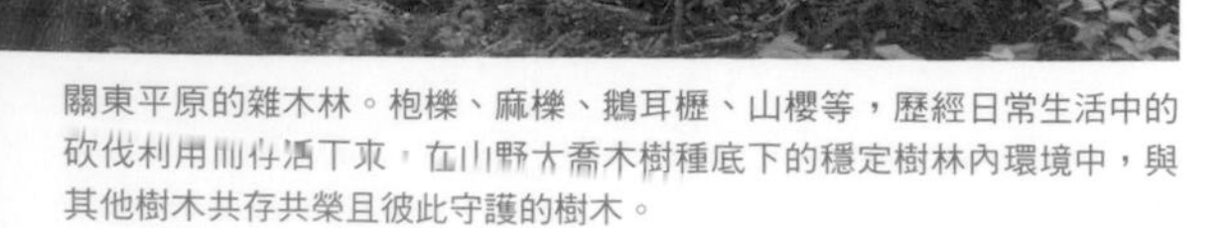

關東平原的雜木林。枹櫟、麻櫟、鵝耳櫪、山櫻等，歷經日常生活中的砍伐利用而存活下來，在山野大喬木樹種底下的穩定樹林內環境中，與其他樹木共存共榮且彼此守護的樹木。

適合用於打造舒適居家環境的植栽樹種

希望將樹木改善環境的作用，活用在庭園裡，打造健康又舒適的居家環境，還是有一些必須遵守的原則。

亞喬木樹種：表示最靠近森林林冠的下一個階層的樹種。

林冠：森林中直接照射到陽光，大喬木枝葉茂盛，位於森林立體階層最上面階層的部分。

以改善環境效果絕佳的庭園為重點目標時，必須仔細分辨主要樹木的大喬木，與在大喬木底下一起生長更能發揮原有特性的樹種，再依據使用目的，好好地規劃配置方式。

以枹櫟等日本關東地區雜木林常見大喬木樹種為主要樹木，與主要樹木為梣樹、小葉羽扇楓等森林裡的小喬木樹種，兩種雜木庭園的居家環境改善能力上，一定會出現明顯的差異。

住宅建地面積雖然很有限，但，栽種森林裡的亞喬木樹種，多花些時間，將樹木栽培得高大又健康，當然，總有一天還是能確實地發揮樹木改善環境的效果。

不過，近年來，受到都市熱島效應、全球暖化、乾燥化、土壤環境惡化等因素之影響，即便自生於森林中比較涼爽的環境裡的樹木，也越來越難以維持健康。

處在這樣的環境狀態下，闢建居家庭園時，更應以森林裡的大喬木樹種為主要樹木，必須更用心地挑選與栽種改善居家環境能力較強，同時有助於改善該都市環境的樹種。

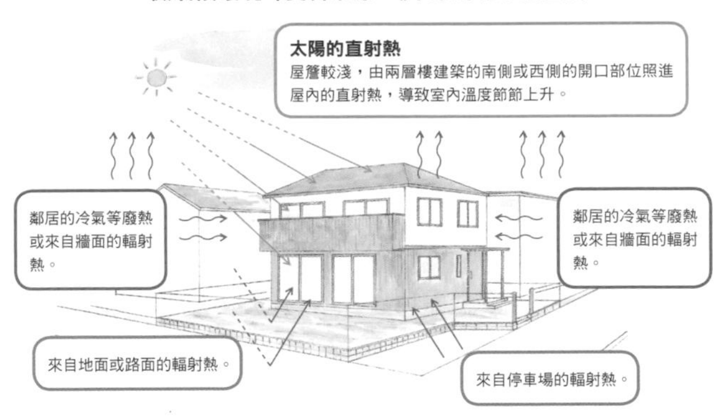

看不到一絲絲綠意，並排蓋滿建地上的量產住宅導致都市環境更加惡化。

枹櫟 具環境改善作用的庭園代表性樹種

說枹櫟是日本關東地區雜木林中最具代表性的樹木，想必不會有人持反對意見吧！

和其他喬木樹種不一樣，枹櫟具備群生以及和其他植物共存的特性，因此，日本關東地區的一般山野雜木林都是以枹櫟為主，以及隨處可見的麻櫟、鵝耳櫪、山櫻、栗樹等大喬木構成。

具改善環境作用的雜木庭園，大多由枹櫟為主的樹種構成，因此，枹櫟可說是雜木庭園裡最具代表性的樹種。打造健康又安定的居家自然環境之際，以枹櫟為中心的構成方式，或許可說是最符合大自然定律的方法吧！

對氣候的適應力強，健康且形成環境能力絕佳的落葉大喬木非常多，枹櫟為什麼被視為最具代表性的樹種呢？接下來就針對這個問題，稍微再更深入地探討吧！

・適應狹小空間的能力強 容易與周邊樹木共存

密生於雜木林間時，枹櫟植株都長得纖細高挑。樹幹相連的雜木林景致最能誘發人們的鄉愁。

枹櫟是需要半面、枝頭直射陽光的樹種，因此，四周組合栽種其他樹木時，就會拼命地往上生長，陽光照射不到的枝葉就會掉落，漸漸

日本關東地區的雜木林喬木中，數量幾乎佔一大半的樹種就是枹櫟。枹櫟的環境適應力很強，容易照料，因此是居家環境中廣泛採用的大喬木樹種。

確保林冠能照到些許陽光，樹形纖細高挑，種在雜木林裡，與周邊的樹木共存共榮的枹櫟。因枹櫟樹幹相連的美麗景象而充滿無限魅力的雜木林。

地改變形狀，成為纖細高挑，姿態充滿雜木林氛圍的樹木。

雜木林裡的樹木之間，只要是有一點陽光照射到的空間，枝條柔軟的枹櫟就會朝著陽光生長，不管在樹木多密集生長的狀態下，都能共存共榮，逐漸形成森林。枹櫟的空間適應能力非常強，因此，以日本關東地區為中心，枹櫟輕易地成為日本山野的原風景。

為了爭取枝葉的生長空間，枹櫟邊彎曲著枝幹，邊與周邊的樹木一起成長，這種堅強的生命力，絕非麻櫟、鵝耳櫪、山櫻等枹櫟林中隨處生長的其他喬木樹種所能匹敵。

枹櫟具備這樣的特質，所以非常適合種在都市的狹小住宅區裡，讓它好好地發揮綠化環境的作用。

・移植後恢復健康的速度

切斷根部，將樹木移植到庭園裡，其中以枹櫟的根部恢復速度最快，約莫兩、三年，粗壯的直根就會紮根深入地底。

枹櫟具備這種特性，所以讓人覺得它的環境適應能力遠比其他喬木樹種顯著。枹櫟移植後，很快地就能恢復樹勢，開始發揮改善周遭環境的作用。

在都市的惡劣環境條件下，移植後恢復樹勢的時間若太久，植株衰弱的風險就升高。

其次，庭園裡栽種的大喬木樹勢早日恢復，就能形成更大範圍的樹蔭，促使周邊的其他樹木早日恢復健康。根部也能早點開始發揮改善土壤的作用。

枹櫟是長年在山野中生長的主要樹種，為何能夠適應人類打造的環境，與其他樹種一起生存呢？從以上敘述就能理解。

除上述特性外，居家庭園裡栽種的枹櫟還有非常多吸引人之處。

體質強健，容易栽培，充滿雜木意趣，環境改善能力強，樹幹表面漂亮，樹葉發出來的聲音也很好聽，掌握訣竅就很容易維護管理，枹櫟優點數不清，堪稱道地雜木庭園裡的女王級樹種。

其次談到和枹櫟一樣，同樣被視為雜木林代表樹種的麻櫟，麻櫟也是生命力旺盛，根勢很強，樹幹表面獨特又充滿野趣，改善環境能力不輸枹櫟的樹木，但，麻櫟植株筆直生長，氣勢太強，維護管理上比較困難，枝葉容易亂長，種在狹小的庭園空間裡易顯得格格不入，因此，庭園空間夠大則無妨，一般都市住宅栽種就很容易因空間而受限。

除麻櫟外，易因空間大小而受限，不適合都市住宅環境栽種的樹種還包括櫸樹。

佔地約50平方公尺的庭園空間裡，栽種10棵枹櫟，底下栽種柃樹、羽扇楓、青剛櫟等二十餘種樹木，成功打造枝繁葉茂、綠意盎然的森林環境。

以枹櫟為主要樹木闢建雜木庭園時的樹種配置訣竅

將大喬木樹種配置在比較需要緩和夏季日曬的南側或西側的庭園等空間裡，即可有效率地改善居家環境。栽種的樹種以枹櫟為主，再搭配鵝耳櫪、山櫻、麻櫟，亦可栽種櫸樹等，視庭園狀況需要組合栽種。

樹幹表面漂亮的枹櫟與底下的各種樹木。以枹櫟為主要樹木，綠意盎然的空間中，漂亮的枝幹線條成為庭園裡的主要架構

底下的亞喬木、小喬木樹層配置梣樹、楓樹、掌葉楓、四照花等樹種，再將垂絲衛矛、腺齒越橘、金縷梅等，森林中的小喬木、灌木樹種，配置在大喬木形成，環境舒適的林地表層空間，更容易維持樹木原有的纖細健康姿態。

地表附近與西側也可能需要植栽以遮擋反射陽光，保護樹木。栽種樹木時，建議妥善配置以免破壞庭園氣氛，建議栽種橡樹、全緣葉冬青、加拿大唐棣、齒葉溲疏、杜鵑、小葉瑞木、海桐、厚葉石斑木等，比較耐熱、經得起陽光反射的樹種。

（圖5）南側庭園靠建築物旁的植栽

雜木林的落葉大喬木樹種

樹林裡的亞喬木、小喬木樹種

經得起陽光直射與反射的林緣樹種

中灌木、灌木樹種、地被類植物

中灌木與這類林緣部分則不需要太堅持栽種當地的原生種樹木，建議選擇能夠適應當地微氣候環境，適合庭園風格，能夠欣賞到四季變化的樹種。

栽種時，基本上，應以群落為單位，組合栽種於好幾處，以營造縱深感，比較容易形成通風又舒適的空間。

採用森林大喬木樹種時的注意事項

枹櫟、鵝耳櫪等大喬木雜木樹種生命力旺盛，居家環境中栽種時，必須了解該特性，進行適度的維護整理。

庭園裡栽種這類樹木時，依據栽種條件，將最終樹高控制在七公尺以上，即可確保最佳狀態，若控制在五公尺以下，對這類大喬木而言，負擔太沈重，難以維持良好狀態。

必須控制最大樹高的植栽場所，應避免選種大喬木樹種，建議以組合栽種方式，栽種最大樹高可控制在五公尺以下的亞喬木樹種，與形成環境能力較強的常綠大喬木樹種等，對於樹木能否長久維持絕佳狀態與共存共榮，必須有充分的考量。

以枹櫟為主，廣泛栽種櫸樹、麻櫟等十餘棵大喬木，樹木能夠在環境改善得很舒適的庭園空間裡的大喬木底下健康地成長，環境改善得很理想的美麗庭園。

未栽種枹櫟等落葉大喬木樹種的雜木庭園施工後十年的景象。因為建地的三個面都緊鄰建蓋兩層樓建築物而遮擋住陽光，即便沒有大喬木幫忙遮擋烈日，樹木還是健康地成長，狀態維持得相當良好。選擇樹種時，最重要的是，必須依據當地的環境條件，臨機應變，做正確的判斷。

林緣：相當於森林邊緣的部分。庭園植栽方面係指植栽群邊緣的側面，陽光會直接照射到或反射到的部分。

在狹小的玄關入口處闢建雜木庭園

高田宏臣

插圖・平面圖　竹內和惠

Part 1 美化入口處的樹木配置方式

千葉縣　前田宅庭園（庭園設計：松浦造園）

穿過樹木形成的綠色隧道後，通往建築物的玄關入口處。打造一條低調自然又優雅的庭園通道，除居住者可以欣賞外，連路上行人都會感到賞心悅目。即便空間不大，留意樹木的組合栽種方式，還是能營造出在森林中散步般清新舒爽的空氣感。

不管空間多狹小都能打造綠意盎然的入口通道

接下來介紹一個屋前空間不到三十平方公尺，卻配置著停車場、玄關入口、停腳踏車處的庭園實例吧！

道路至建築物為止，縱深僅五公尺，停車空間的背面，無法靠近建築物旁規劃植栽空間。

因此決定以建築物正面的左側為停車空間，然後精心規劃玄關入口通道周邊的植栽空間，以美化建築物正面的景觀。

分散植栽空間成功地營造縱深感

植栽空間規劃在道路旁及玄關門廊的階梯兩側，分散於三處，從樹木高度與植栽量部分增添變化，以營造玄關前空間的縱深感。

與玄關入口通道結合為一體的停腳踏車處，隔著植栽，非常低調地規劃在設置著信箱的道路旁。

信箱、對講機等玄關前設施的位置，肩負著住宅結界的重大任務，也就是說，直到該位置為止，是外人尚可進入的半開放空間，而信箱以內則是居住者的私人空間。

其次，以入口通道的上部連結三個植栽空間，為樹木之間的玄關入口通道營造恬靜氛圍。

近年來，一般住宅的玄關前規劃寬敞空間的情形越來越困難。但，不管空間多狹小，若能分散配置植栽空間，再規劃得讓人覺得好像連結在一起，美化空間的效果絕對令人歎為觀止。

以水龍頭等設施為重點裝飾

此外，空間太狹小到無法展現出植栽氣勢時，重點配置立式水栓等設施，就能打造充滿該建築特色又趣味性十足的居家環境。

右上／空間狹小，因此停車空間靠向左側，入口通道周邊栽種山櫻、小葉羽扇楓、吉野杜鵑、馬醉木等植物，打造四季都有不同美景可欣賞的入口處。 右下／裝設在入口通道最裡側的水龍頭。利用枕木安裝，已完全融入庭園中。四周栽種遮蔭處也能健康成長的大吳風草、日本鳶尾花、葉蘭而成功美化周邊環境。左／植栽空間分散於建築物前方與左右，因此入口通道就在明亮又清新舒爽的樹木團團圍繞下。其次，改變每個植栽空間的高度、份量感，成功地營造出縱深感，整個入口通道看起來更寬敞。

前田宅庭園的平面圖（寬6.5公尺，縱深5公尺）

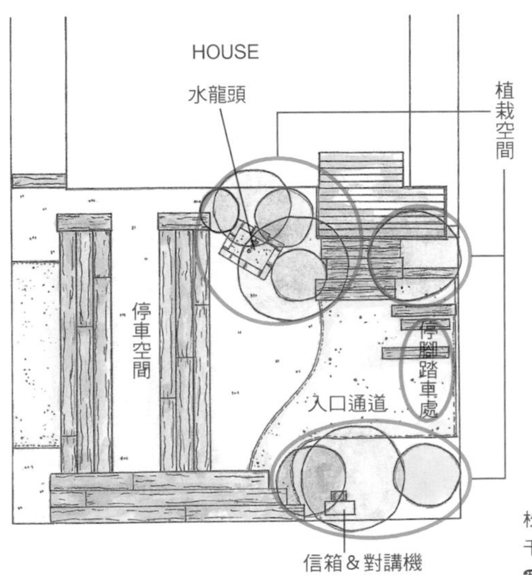

松浦造園：
千葉縣千葉市綠區東山科町14-12
☎ 043-309-7366

玄關門廊左側設立枕木，安裝立式水龍頭，周圍栽種大吳風草、日本鳶尾花和葉蘭等植物，底下栽種顏色較深且植株較高的草類植物，空間雖小卻充滿綠意的庭園。

Part2

改良土壤為關建庭園的重點工作

植穴的土壤改良步驟

① 樹木配置在栽種位置後，根盆四周回填改良過的土壤。

② 回填用土壤也混入樹皮堆肥等。

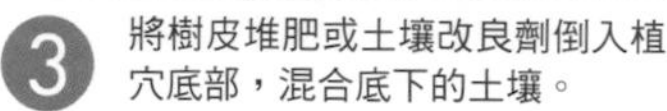

③ 將樹皮堆肥或土壤改良劑倒入植穴底部，混合底下的土壤。

植栽時進行土壤改良的目的

剪斷根部，移植到庭園裡之後，樹木就像是經過一場大手術的病人，為了活下去，必須在新場所的土地上，拼命地往下扎根。移植後，樹勢順利地恢復，樹木就能靠著自己的作用，漸漸地改善周圍的土壤環境，因此，將植物移植到新場所後，必須以主根周邊為中心，設法改良土壤，幫助移植到新場所的植物早日長出根部以維繫生命。

樹木適應土壤的能力因樹種而不同，但，對大部分樹木而言，鬆軟、腐植成分高，以及排水、儲水、通風狀況俱佳，亦即：近似森林土壤，黝黑、濕潤又鬆軟的土壤，就是可以讓根部健康成長的好品質土壤。

植穴土壤的改良法

植穴土壤的改良法係指栽種樹木時，將根盆周邊土壤換成良質土壤，或將樹皮堆肥等土壤改良劑混入既有的土壤裡，再回填入植穴中的土壤改良方法。

接著就來針對植栽時的土壤改良法中，最普遍採行的植穴土壤改良法，進行解說吧！

樹皮等植物性有機物質粉碎後熟成而產生的樹皮堆肥、具發酵促進作用的微生物土壤改良劑、竹碳、木炭、珍珠石、泥炭土等是目前最廣泛採用的土壤改良劑。

邊參考上圖，邊解說土壤改良方法吧！

先挖掘植穴。植穴大小取決於根盆。挖掘範圍大於根盆直徑二十至四十公分，深度大於根盆高度二十至三十公分的植穴。

其次，將樹皮堆肥或土壤改良劑加入植穴底部，與底下的土壤混合成排水良好又鬆軟的狀態，混合成直到根盆底下都透氣性、透水性俱佳的狀態。

繼而，回填用土壤也必須混合樹皮堆肥等，充分地攪拌至所有的土壤都很鬆軟為止。

沙質、缺乏有機質成分又容易乾燥的土壤，最好混入土壤體積比百分之三十左右的樹皮堆肥以改良土質，除混入樹皮堆肥外，亦可混入良質土壤。

和栽種蔬菜、花草時不一樣，改良樹木植栽場所的土壤時，應以土壤的透氣性、保水性、透水性、改善微生物環境，以及打造可讓植物根部在土壤裡健康成長的環境為重點考量，而不是只幫植物施肥而已。

植穴土壤的改良情形

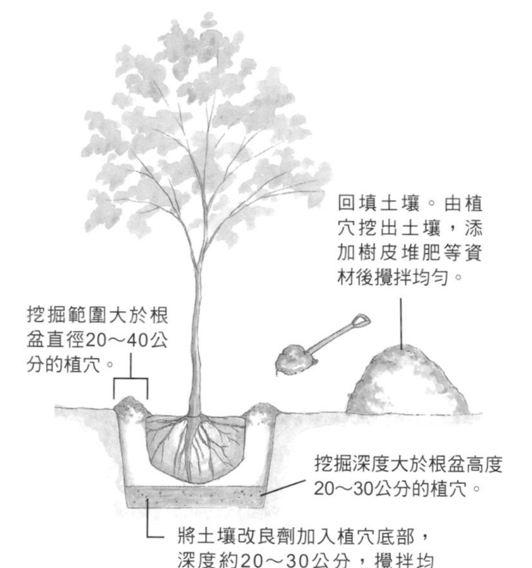

Part 3

樹木的挑選、購買方法

挑選能夠適應環境條件的樹木

挑選樹木時，不應該著重於樹木的氣氛或個人喜好，必須充分考量（1）植栽場所的環境條件（2）與其他樹木組合栽種時能否適應環境健康地成長（3）栽種後能否維護整理等問題。

適合做為雜木庭園主要樹木的樹種如枹櫟、麻櫟、鵝耳櫪等，這些樹木的生長速度非常快，栽種後必須妥善地維護管理，庭園選種這些樹種前，必須有充分的考量。

因樹形纖細、枝葉柔軟而廣受歡迎的小葉羽扇楓、光臘樹、大柄冬青、垂絲衛矛、西南衛矛、腺齒越橘等，大部分都是容易適應氣候涼爽地區森林環境的樹種。種在都市環境時，充分考量夏季陽光反射、西曬等問題，即可長久維持樹木的健康成長。

樹木的購買方法

一般的居家用品賣場等販售的樹木，通常都是筆直端正，經過處理後的居多。擁有適合整體氣氛且樹型自然的樹木較難入手。

因此，需要樹型自然且適合雜木庭院的樹木時，逛逛一般民眾也能購買的花木市場、向住家附近販售花木的店家請教，或直接請花木生產業者介紹，應該是一條捷徑。重點是，最好能親眼看到樹木，仔細地觀察樹形，辨別樹形是否柔美，確認整體氣氛是否符合自己的需求後才購買。

適合初學者栽種的主要雜木種類

樹種名稱	分布與特徵	庭園裡的用法	小庭園植栽時的樹高大致基準
枹櫟	落葉大喬木。分布：日本北海道至九州。自然狀態的樹高：10～15公尺。暖溫帶雜木林的代表性樹種，雜木庭園結構中最具代表性的大喬木樹種。	大喬木・主要樹木	5～9m
鵝耳櫪	落葉大喬木。分布：日本北海道至九州，冷溫帶、暖溫帶山區。自然狀態的樹高：約15公尺。生長狀況比較穩定的大喬木，庭園中容易栽種的雜木。	主要樹木・搭配中喬木	5～8m
櫸樹	落葉大喬木。分布：日本的本州、四國、九州的山區或低窪地區。自然狀態的樹高：30～40公尺。適合當做主要樹木以關建獨特風格的庭園。闢建雜木庭園時，搭配其他喬木，即可充分地掌控生長速度。	喬木・主要樹木	7～10m
梣樹	落葉大喬木。分布：以冷溫帶地區為主。自然狀態的樹高：約15公尺。枝葉輕盈，開小巧可愛的白花。以充滿野趣的樹幹氛圍而吸引人。適應力強，暖溫帶地區的庭園也能適應，但需要相當程度的日照。	主要樹木・搭配中喬木	4～7m
掌葉楓	落葉亞喬木。分布：日本福島縣以南至九州為止的暖溫帶山區或溪谷。自然狀態的樹高：約10公尺。新綠或紅葉時期都漂亮，是點綴雜木庭園絕對不可或缺的樹種。都市環境栽種時，易因陽光直射、太乾燥而造成損傷，配置在枹櫟等落葉大喬木底下，適度遮擋西曬陽光即可。	搭配中喬木	4～5m
小葉羽扇楓	落葉亞喬木。分布：以日本北海道至九州的冷溫帶山區為主。自然狀態的樹高：8~10公尺。紅葉時期也非常漂亮，以可愛的葉片和纖細的枝條最受歡迎。暖溫帶地區的雜木庭園栽種時，可利用大喬木遮擋陽光。	搭配中喬木	3～5m
大柄冬青	落葉亞喬木。分布：暖溫帶至冷溫帶的山區。自然狀態的樹高：8～10公尺。雌雄異株。5～6月開花，只栽種一株時，通常無法欣賞到結果的情形。落葉後，紅色果實成為冬季庭園裡最美的景色。都市地區的庭園裡栽種時，避開西曬，種在其他大喬木之間，適度地緩和日曬，且讓枝葉都能曬到陽光即可。	搭配中喬木	3～5m
野茉莉	落葉亞喬木。分布：冷溫帶以下地區至暖溫帶的山區。自然狀態的樹高：7~8公尺。6月份開出許多雪白小花，令人印象深刻。葉片細小，可為雜木庭園增添變化與層厚的樹種。	主要樹木・搭配中喬木	4～6m
四照花	落葉亞喬木。分布：日本的本州以南至九州為止，氣候較涼爽的山區。自然狀態的樹高：約10公尺。春季至初夏期間綻放雪白花朵，十分漂亮。庭園中栽種時，建議維持在小喬木大小，邊維持纖細自然的樹形。以落葉大喬木底下的半遮蔭區域最適合栽種。	主要樹木・搭配中喬木	4～6m
日本紫莖	落葉大喬木。分布：暖溫帶地區。日本的伊豆、箱根、近畿南部、四國、九州的山區。自然狀態的樹高：15～20公尺。樹幹為紅色，非常漂亮，相當受歡迎的樹種。確保枝葉上部的日照，避免陽光直射下部與樹幹就能長久維持漂亮姿態。	主要樹木・搭配中喬木	4～6m
垂絲衛矛	落葉小灌木。分布：冷溫帶至暖溫帶的山區。自然狀態的樹高：3～5公尺。由枝條上垂掛而下的白色花朵最富魅力，開花後的6月份左右才會開始結果，結果後慢慢地轉變成紅色，邁入秋季後，果實裂開就能看到裡面的黑色種子。雜木庭園裡栽種時，建議當做中喬木，種在大喬木或小喬木底下以避免強烈陽光照射，適合種在通風又涼爽的場所。	小喬木・搭配小喬木	1.8～3m
腺齒越橘	落葉小灌木。分布：冷溫帶至暖溫帶的山區。自然狀態的樹高：2～5公尺。以充滿野趣的漂亮枝條最富魅力。邁入秋季即可欣賞到紅葉之美與黑色果實。建議雜木庭園裡務必栽種的樹種之一。	小喬木・搭配小喬木	2～3m

*「小庭園植栽時的樹高大致基準」係指透過修剪等作業，維持自然樹形，避免樹木長得太高大的樹高參考基準。

Part4

組合栽種雜木以美化入口通道

以組合栽種方式闢建自然風庭園

空間狹小卻想營造樹木的份量感時，樹木應避免並排成平面狀態，植栽區域分別栽種大喬木、小喬木、灌木、地被植物，以組合栽種方式，將樹木種成立體狀態效果會更好。

枝條柔軟纖細，樹形高挑的樹木，容易組合出自然的氛圍，在狹小空間裡營造出宛如自然林的美麗風情。

組合栽種方式的優點不只是視覺上效果而已。樹群中的大喬木可為下層植物遮擋烈日，緩和陽光照射的強度，避免樹木因夏季的陽光反射與太乾燥而損傷，好讓下層樹木健康地成長。

同時，下層植物生長在半遮蔭的環境下，纖細的枝條更容易維持自然風貌。此外，狹小空間更能感受到時時刻刻都在變化的樹木脈動，也是採用這種栽種方式的好處之一。

構成森林樹種的日本天然樹木，本來就不是單獨地生長著，都是與周邊的樹木一起生存、相互競爭，彼此守護以抵擋強烈的陽光直射、強風吹襲或避免太乾燥等，枝葉彼此分享空間，健康地成長而打造了漂亮的樹木群聚美景。

以組合栽種方式於庭園裡栽種雜木時，建議參考上述自然林結構，設法組合成樹木能夠舒適地生長共存的環境。

其次，避免太在乎剛栽種時的外觀美醜，配置時建議充分考量數年後，乃至十年後培養出來的美麗景色。

雜木組合植栽模式圖

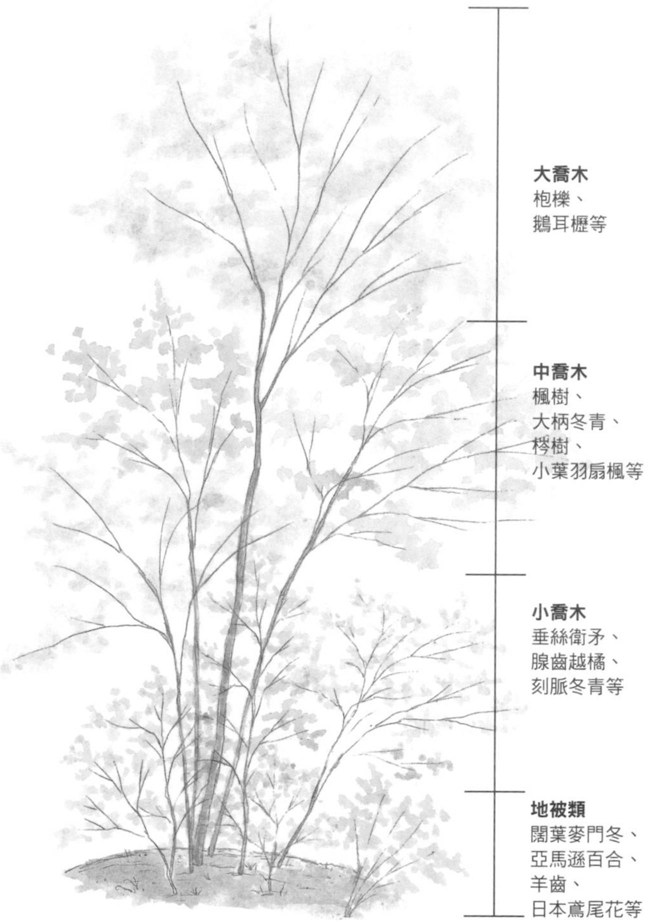

大喬木
枹櫟、
鵝耳櫪等

中喬木
楓樹、
大柄冬青、
梣樹、
小葉羽扇楓等

小喬木
垂絲衛矛、
腺齒越橘、
刻脈冬青等

地被類
闊葉麥門冬、
亞馬遜百合、
羊齒、
日本鳶尾花等

圖中為多處配置組合植栽，打造樹群，經過三年栽培的樹木。因喬木粗壯，中灌木高挑而增添變化，構成更自然、更有深度的美景。

入口通道兩旁的植栽配置實例

將入口通道設計成曲線柔美的S型，曲線凹處組合栽種雜木即可連結成樹群，打造綠意盎然，讓人宛如走在森林裡的入口通道。

連續栽種的樹木相連成美麗的景色，豐富了入口通道。

玄關旁配置面積相當小的植栽群，兩處植栽連成一氣，豐富了玄關的景致。植栽面積總共不過4平方公尺（1坪多）。

樹群交互配置打造美麗的風景

以組合方式栽種樹木後構成樹群，交互配置在入口通道兩旁，連結樹群以形成樹景，就能營造出宛如走在森林裡的清幽舒適氛圍。

避免單純地展示植栽，能夠營造樹木環抱氛圍與舒適環境的植栽，才是雜木庭園應有的特徵。

充分運用狹小空間的雜木樹群植栽要領

栽種樹木以闢建雜木庭園時，應以樹群為單位，將樹木組合栽種成立體狀態，再將樹群分別配置在入口通道周邊，以構成美麗的景致。這是將狹小空間栽培成綠意盎然的空間時效果最好的方法。

其次，希望入口通道沿線看起來更具縱深感時，應避免將植物配置在同一個植栽空間，最好將植栽空間分散配置在入口通道的前後左右。

Part5

挑選樹木後組合栽種

栽種前必須具備的知識

栽種場所與樹木的選法

植栽後樹木就會一天天地長大，到底會長多高或長多大呢？如何確保枝條的伸展空間呢？栽種前必須先思考這些問題。

庭園樹木經過定期的修剪，即可抑制生長，但，若希望在不勉強狀態下，將樹木維持在最漂亮自然又健康的狀態，決定栽種場所與配置方式時，必須充分考量先前提過的各種問題。

其次，必須了解陽光照射狀況等植栽場所環境。不耐遮蔭、潮溼、乾燥的樹木等，樹木適應環境的能力因樹種而不同，必須深入了解樹木的特性，依環境條件挑選適合栽種的樹種。

組合植栽時二至三人為一組同心協力更安全

組合栽種樹木時，經常碰到植栽群中的主要樹木的樹高動則五、六公尺的情形，甚至碰到樹高五、六公尺，樹幹又很粗壯的雜木，或根盆直徑六十公分以上，重量高達百餘公斤，一個成人都無法搬動的情形，因此建議栽種時請朋友幫忙等，至少兩個人一起栽種比較安全。

樹木落葉後，蒸散活動跟著停止時，大約十二月至隔年三月上旬，就是移植落葉大喬木樹種的最佳時期。

栽種步驟

1 挖掘植穴

一個植栽空間裡組合栽種好幾棵樹木時，通常不會個別挖掘植穴，大多針對整個植栽區域，進行全面性挖掘。挖掘現場下方配置管線，無法挖出深度十足的植穴，因此於周邊設置擋土設施以容納更多的土壤。將樹皮堆肥與土壤改良劑混入植穴裡，進行土壤改良。

2 修剪枝葉

為了移植樹木而切斷根部後，必須修剪枝葉，調整蒸散量。建議栽種前適度地修剪枝葉，栽種後邊觀察整體狀況，邊調整。

以相互纏繞或重疊在一起的枝條等為主，依序修剪以減少枝條份量，讓枝葉看起來比較稀疏。但，與日常修剪不一樣，這時候的修剪不是為了抑制樹木的生長。

種下第一棵樹後確認樹木的朝向與傾向

種下植栽空間裡的最主要樹木後，站在可眺望整座庭園的位置，確認樹木的朝向與傾向。此時，應避免單獨著重於一棵樹木的美醜，必須充分考量建築物與周邊植栽是否能融合，是否充滿協調美感。

8 整地與最後修飾

確實水決後，先將回填土壤踩實，再將表面抹平。抹平至土壤表面完全看不出顆粒狀，過一陣子就會微微地長出青苔，長青苔後地表就會變得更穩定、更自然。土壤表面不栽種地被植物時，必須更確實地處理表土以免土壤流失。

完成

寬90公分、縱深1.4公尺的場所，以枹櫟為主要樹木，依序栽種楓樹、加拿大唐棣、金縷梅、茶梅、Lindera triloba、棣棠花、柃木、厚葉石斑木。（協助拍攝：太陽與綠的建築舍）

4 栽種樹木

由植栽空間中的主要大喬木開始依序栽種，將回填用土倒入根盆下方，邊穩住植株，邊把樹木種到植穴裡。栽種樹木後，必須修剪會碰觸到建築物或雜亂的枝條，組合栽種其他樹木時，利用高枝剪等工具，針對會相互碰觸的枝條進行整理。

5 大喬木旁配置其他樹木以構成樹群

為了在狹小空間裡種出絕佳效果，讓樹木顯得更自然，經常會採密植方式，栽種到根盆都緊緊地靠在一起。採密植方式時，樹木彼此影響，經過多年的栽培，就能栽培成自然林氛圍越來越濃厚的美麗庭園。

由大喬木至中喬木，乃至小喬木依序栽種後回填土壤。此階段不栽種根盆較小的灌木與地被類植物，等土壤回填至相當程度後才種在土壤的最表層。

6 促使根盆與土壤緊密結合

組合栽種後，邊往植穴灌水、邊回填土壤，以促使根盆與土壤緊密結合，此方法日文稱「水決」。灌水至回填土壤呈現泥濘狀態，促使流入根盆與土壤之間，即可填滿土壤中空隙。少次多量，交互地加入土壤與灌水，讓泥水填滿根盆周邊的空隙。栽種樹木時，最重要的是根盆與土壤之間應避免留下空隙。除採用水決方式外，亦可利用棍棒等，將土壤搓得更密實，此方法日文稱「土決」。

7 栽種灌木與地被類植物

邊加土、邊促使土壤吸收水分，回填土壤到某個程度後，配置根盆較小的灌木，然後覆蓋土壤，進行水決。栽種地被植物時，等完全回填土壤後，利用移植鏟等栽種即可。

舒適寬敞的樹下平台花園

Terrace Garden

突出庭園的空中瞭望平台。一到了五月份，四周就會環繞著嫩綠柔美枝條，迎接平台花園最美麗的時刻到來，成為最優雅舒適的生活舞台。

case01

蓋在斜坡上的主庭園裡 瞭望平台與梯田風雜木庭園

東京都　內野宅庭園

DATA
庭園面積：70㎡
竣工日期：2014年3月
設計・施工：藤倉造園設計事務所（藤倉陽一）

位於臺地上的內野宅庭園，以擁有遼闊視野而自豪。座落在低頭就能俯瞰毗鄰建蓋在綠樹間的住宅，與東京都立櫻之丘公園的綠色山丘，甚至可遠眺東京晴空塔與新宿副都心等飽覽美景的好所在。

以描繪著柔美曲線的竹材構成擋土牆的梯田風雜木庭園。庭園通道與植栽空間的重要地帶都栽種草皮，整座庭園顯得明亮又開放的雜木庭園。

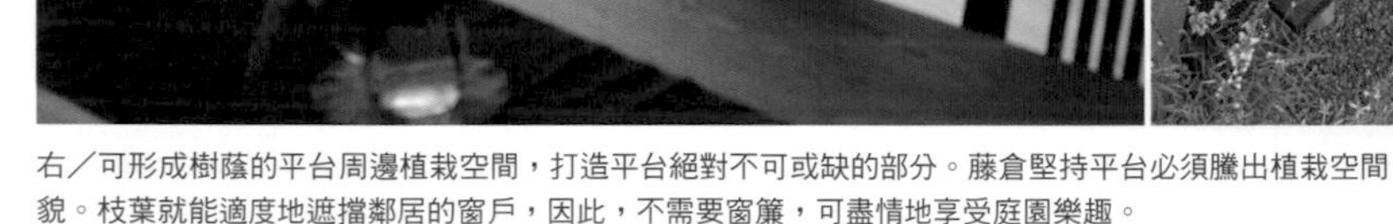

右／可形成樹蔭的平台周邊植栽空間，打造平台絕對不可或缺的部分。藤倉堅持平台必須騰出植栽空間。　左／以相互交叉的樹幹姿態，於庭園裡表現出雜木林特有的自然風貌。枝葉就能適度地遮擋鄰居的窗戶，因此，不需要窗簾，可盡情地享受庭園樂趣。

活用地形 於視野絕佳的庭園裡 打造瞭望平台

內野宅的建築蓋在多摩丘陵的斜坡上，屋後的主庭園往後延伸而成為斜坡的一部分。

這座斜坡庭園裡，栽種了山櫻、連香樹、野茉莉等植物。但，內野說：「一到了春天，南邊的強風吹上來時，屋裡就塵土飛揚。庭園裡種了草皮，但，斜坡上根本沒辦法使用除草機，靠雙手整理草皮是非常累人的事情。」

因此，趁建築物改建時，說出「希望能闢建一座可充分運用遼闊視野，又能緩和夏季烈日的雜木庭園」的想法，委託造園家藤倉陽一闢建了這座庭園。

庭園佔地寬十三公尺，縱深五．五公尺。需要在縱深這麼小又往下傾斜兩公尺的土地上開闢庭園，對藤倉而言，也是未曾有過的經驗。

多方考慮後，終於決定在山坡地上打造一座梯田風雜木林，提出突出森林建蓋平台做為生活舞台的構想。

建蓋的是起居室可直接出入，寬三十四公尺，長邊五公尺，可擺放桌椅的大平台。由建築物方向斜斜地往庭園上方延伸。使用木料為耐久性絕佳的婆羅洲鐵木，與建築物呈45度角，將庭園表現得更生動活潑。避免破壞看起來像搭建在空中的趣味性，平台邊緣不加欄杆。

以竹材構成擋土牆 形成高低差 成功地闢建 梯田風雜木庭園

藤倉腦海中描繪的是一座可環繞欣賞，隔著樹木的枝幹仰望住宅，每個方向都能欣賞到不一樣美景的雜木庭園。為了順利地完成設計構想，必須像波浪似地，反覆地在斜坡上形成曲線柔美的梯田風高低落差，納入生動活潑的景色。

因此設計出來的是使用木樁與孟宗竹的擋土牆。剖成兩半的竹子是最適合描繪曲線時採用的素材。重點打入木樁，再以組合得很堅固的竹牆結構，構成曲線柔美的擋土牆，加入土壤，打造植栽空間。隔著庭園通道打造的植栽空間裡，組合栽種枹櫟、鵝耳櫪、山櫻等適合陽光充足場所栽種，楓樹、梣樹等適合半遮蔭場所栽種的樹木，以及台灣吊鐘花、繡球花、日本山梅花、石楠花等花木，構成最自然的植生，形成柔美的樹群。

栽培箱栽種三色堇等花卉，摘下後讓花朵漂浮在水面上，將餐桌點綴得更漂亮。

在枝葉的環繞下喝茶、用餐、閱讀。庭園裡栽種紫蘭、亞馬遜百合、玉簪等草類植物，內野在全新的生活舞台上，盡情地享受著庭園生活。

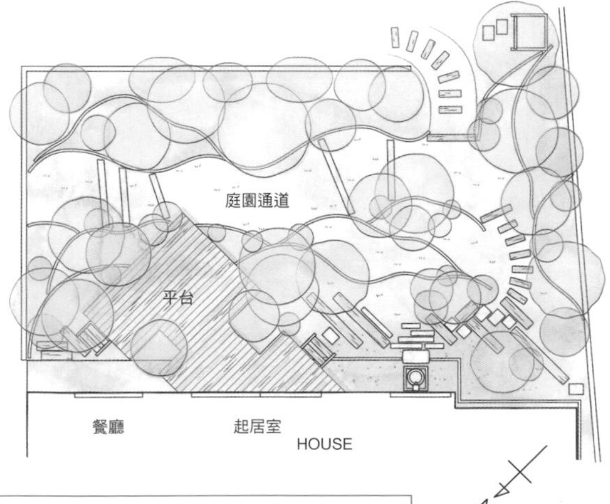

主要植栽

大喬木：枹櫟、大柄冬青、大葉掌葉楓、加拿大唐棣、連香樹、青剛櫟、四照花等
小喬木：腺齒越橘、柃木、大手毬、紅淡比等

以日本山梅花的白色花朵營造出清新舒爽的氛圍。

舒適寬敞的樹下平台花園

case 02

利用和風庭園的素材 闢建設有露台的雜木庭園

東京都 T宅庭園

並排成凹凸狀態的枕木露台與水泥條塊的完美組合。水泥條塊經久使用後，就會呈現出古色古香的味道，與枕木就會顯得更協調

DATA
庭園面積：45㎡
竣工日期：2012年10月
設計・施工：誠和造園（由比誠一郎）

種在庭園出入口的野漆樹粗壯樹幹就是近景。依序鋪上渾圓石塊、水泥板、枕木平台，還增添變化，還往裡側延伸的絕妙設計，成功地增添了縱深感，整座庭園顯得更優雅美觀。

以寬20公分、厚14公分、長2公尺的枕木舖設的枕木平台，邊裁切、邊組合以避免鋪得太整齊。

使用長邊為110公分，高40公分的大水缽。直接擺在庭園裡太醒目，因此往下挖掘20公分，設置低一點，四周圍繞容易長青苔的墨石，構成充滿協調美感的庭園平台水景。

以水缽與山櫻為景中主角

T宅庭園原本是一座融合著羅漢松與梅樹的漂亮枝條，以及石景、石燈籠的和風庭園，後來決定縮小庭園範圍，委託一直幫忙維護管理庭園的誠和造園第二代負責人由比誠一郎，進行庭園大改造。

改造前屋主提出的想法是「希望能儘量運用庭園裡現有素材，闢建一座充滿四季變化的庭園」。

希望改造後屋主能深深地感覺出納入庭園裡的四季變化，鑑於這個想法，由比提出在庭園裡舖設平台的構想。利用枕木，在庭園中央地帶舖設平台，充分運用既有的水泥板，連結平台與犬走（註1），完成充滿創意構想又富於變化，且能安心地行走的平台設計。繼而，平台旁邊設置大型水缽，栽種山櫻、梣樹。由漂亮的紅葉與水缽交織成賞心悅目的水景。

梅樹、羅漢松、石燈籠移到庭園裡側完成一個多采多姿的庭園

將建築物旁的庭園，改造成設有平台的雜木庭園，栽種垂枝櫻做為庭園的象徵樹，再將原本就設置在庭園裡，充滿思古幽情的雪見燈籠、景石，以及略帶古木滄桑感的羅漢松與梅樹，種在平台後方，改造成坪庭（註2）似的小庭園。

龐大不容易處理的景石埋入土裡一大半，雪見燈籠則以凹葉柃木、闊葉麥門冬等植物擋住下部，處理得更低調。

可由落地窗進出室內與平台，沿著犬走，水泥板路行走更安全。

羅漢松、雪見燈籠、石景的組合，以闊葉麥門冬遮擋燈籠下部，構成充滿協調美感的視野。

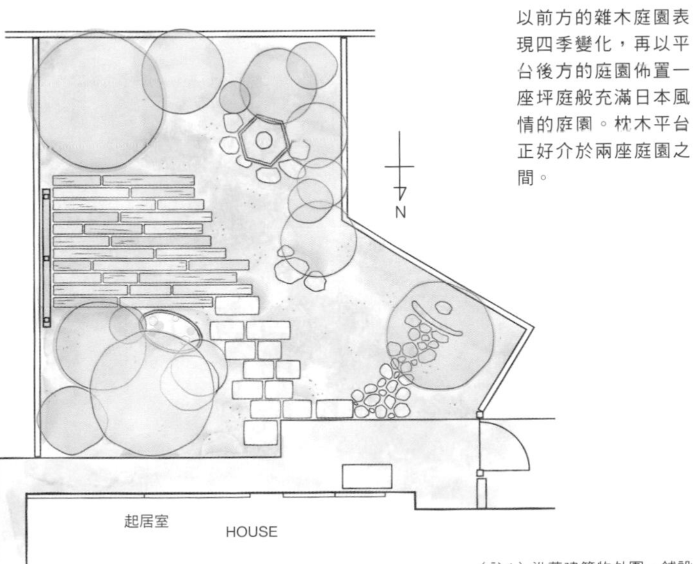

以前方的雜木庭園表現四季變化，再以平台後方的庭園佈置一座坪庭般充滿日本風情的庭園。枕木平台正好介於兩座庭園之間。

（註1）沿著建築物外圍，鋪設在屋簷下，可避免雨水滲入建築物的水泥通道，因為寬度只容狗兒通行而得名。

（註2）坪庭：利用建地內的建築物與建築物之間、建築物與圍牆之間的狹小空間闢建的小庭園。

主要植栽

大喬木：山櫻、日本花柏、垂枝櫻、桂花、羅漢松、青剛櫟等
小喬木：垂絲衛矛、凹葉柃木等

舒適寬敞的樹下平台花園

case 03

將大自然引進都市生活 充滿室內花園意趣的庭園

東京都 U宅庭園

DATA
庭園面積：32㎡
竣工日期：2013年7月
設計・施工：誠和造園（由比誠一郎）

設置寬5公尺、高2.2公尺大落地窗的起居室。起居室地板與露台鋪成相同高度，將屋內與庭園結為一體而充滿

由比說：「可植栽空間約3×3公尺。以針葉樹的日本花柏為背景，選種樹幹上沒有細小雜枝的樹木[illegible]」。階梯可通往設置在2樓和室房的坪庭。

突出地板平台的透水石庭園通道，花崗岩之間「不規則鋪設」卵石以增添變化。樹下的玉龍草也改種玉簪、鴕鳥蕨，營造出濃濃的山林風情。

傍晚時分點亮照明後的庭園美景。夏天可在露台上乘涼，天候晴朗時，聽說會完全敞開起居室與餐廳的窗戶，盡情享受庭園派對樂趣。

由設計階段起就希望建築物與庭園融為一體

建蓋新房委託設計時，屋主U以建築物裡必須規劃中庭，關建雜木庭園為前提。

結果在起居室與餐廳旁的東南方角落上規劃了寬六．六公尺，縱深四．八公尺的中庭。起居室設有寬五公尺的大窗戶，餐廳的窗戶也寬達三公尺，兩個廳室皆可自由進出。其次，庭園四周設置圍牆以遮擋外來視線，且，如同起居室的牆面，圍牆裡側牆面也特別刷上梳狀痕跡，整座中庭充滿著室內庭園意趣。

以露台與雜木庭園打造充滿戶外風情的起居室

造園家由比誠一郎接下庭園建設重任後，充分考量準備中的中庭與周邊的協調美感，努力地規劃了起居室與雜木庭園融為一體，充滿室內庭園氛圍的庭園。

建築物設計階段就納入露台構想，因此，提出庭園設計案時，形狀上稍微做過變更。露台的一部分嵌入透水石後，大幅提昇露台與庭園的連結效果。其次，庭園東南側以容易長出青苔的龜甲石堆砌成擋土牆，加入土壤後，以樹幹呈彎曲狀態的大葉掌葉楓為主要樹木，以及栽種刻脈冬青、日本花柏、梣樹，後方舖設狀似山上滾落下小石，「不規則舖設」的庭園通道，關建空間雖小卻充滿山林風情的庭園。

露台與雜木庭園之間，低一個臺階，以黑色石材舖設地面以連結兩個區域，中間設置直溝，做為排水設施。

左／現成的室外燈加上燈罩後完成，由比親手打造的庭園燈。下／秋季期間由餐廳方向欣賞到的庭園美景。

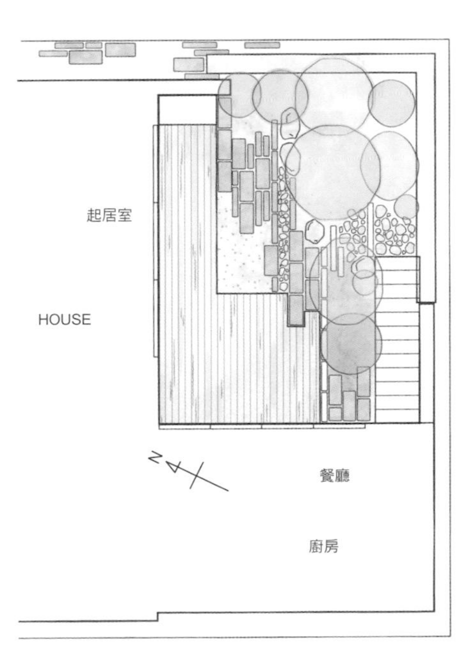

上／柔和的陽光穿過轉變成紅葉的樹葉，一直照進屋子裡。即將邁入需要暖和陽光的季節。 中／2樓和室房前的坪庭，隔著雪見紙拉門就能欣賞美麗的庭園，庭園與和室房地板相同高度。 右／以透水石、裁切成塊狀的花崗岩、卵石鋪貼地面而更有設計感。栽種玉龍草以免輕量土四處飛濺。

主要植栽

大喬木：大葉掌葉楓、小葉羽扇楓、日本花柏、桴樹等
小喬木：刻脈冬青、腺齒越橘、凹葉柃木等

打造室外起居空間

Part1 室外起居空間的樂趣

高田宏臣

圖・竹內和惠

與室內起居室完全沒有落差地連結到室外空間的露台，使用最方便的室外起居空間。

「置身庭園裡」的喜悅

設置在庭園裡，最適合當做生活起居場所的空間，那就是平台空間。誠如室內規劃了寬敞舒適的起居室，倘若屋外也打造一個舒適的起居空間，那麼，居家生活一定會變得更歡樂、更多采多姿。

庭園裡的樹木會隔著窗戶讓室內顯得更舒適。隔著窗戶看到的舒適空間，假使能夠和室內空間連結在一起，日常生活中，就能輕鬆地走出庭園，坐下來靜靜地吹著徐徐涼風，聆聽樹葉吹動的聲音，欣賞蟲鳴鳥叫等，透過五感盡情地享受充滿大自然氛圍的美好療癒時光。

邁步進入充滿綠意的庭園裡，就能深深地感覺出充滿生命，營造出四季變化的大自然脈動。打造平台空間就能讓人美夢成真，享受這麼美好的時光。

除了欣賞美景外，庭園樂趣非常多，庭園樂趣始於「置身庭園裡」，就像室內生活以起居室為中心，室外起居空間就是屋外生活的中心。

思考庭園結構時，通常先考慮該以哪個地方為主要的生活場所，再考慮其他部分吧！平台就是該主要的生活場所。希望在庭園裡打造一處最舒適、漂亮、使用方便的平台空間，若能從這個角度開始思考，庭園建設工作一定會變得更有趣。

樹木團團圍繞，鋪貼石材的庭園平台，這是夏季期間會形成樹蔭的乘涼好去處。

秋末時節的庭園平台景致。不管空間多小都要打造一處舒適的平台。清幽舒適，充滿季節感的平台，足以讓人忘了時間，讓生活過得更多采多姿。

Part2

室外起居室的設計訣竅

平台的配置方式與高度

規劃平台空間時，必須分階段思考庭園與室內的連結方式。

關於這一點，就以照片1的庭園做說明吧！這座庭園中，由起居室進出主庭園時，都是經由面向庭園的那一道門。露台空間與室內地板絲毫沒有落差地連結在一起。

靠近建築物設置木造露台時，通常都是以使用方便性為優先考量，室內與露台的連結也不會形成落差，因此，感覺上，露台好像是室內的延伸，非常方便出入。

這座庭園除設置露台外，走下露台後，還以石材舖設一處與庭園相同高度的平台。

與室內相同高度的木造露台上，擺放一張單人椅，與地面相同高度的鋪石平台上，擺放椅子與圓桌。

考量室外起居空間之際，可分成接近室內地板高度、與庭園地面沒有落差的高度，或介於兩者間的高度，針對高度部分做充分的考量。

平台與露台高度對於該場所的舒適度、使用方便性影響深遠，因此，必須周延考量該庭園與平台的範圍大小。（圖1）

・設置露台的好處

靠近建築物設置室內地板高度的木造露台，最大好處是，夏天的傍晚時分，天氣轉涼後，就能走到室外，坐在椅子上乘涼，晚餐後可在露台上吹吹涼風、放鬆休息，因為這是不需要穿鞋，穿上拖鞋就能輕鬆使用的場所，是室內延伸出來的空間。

・設置平台的好處

另一方面，近年來，露台設置高度動輒距離地面四、五十公分的情形越來越常見，站到露台上宛如走上舞台，絲毫沒有舒適踏實的感覺，周邊適度地植栽等的確可提昇舒適度，不過，將露台設置在靠近地面的位置，更能打造舒適的空間，營造踏實的氛圍。

圖1為靠近建築設置露台，以及緊接著設置地面高度的平台，周延考量用法，打造得非常符合目的的實例。

設置庭園地面高度的平台，優點是能夠營造出與庭園融為一體，更寬敞舒適的感覺。

庭園平台亦可說是連結建築物與庭園的中間地帶。該中間地帶的舒適度與氣氛，也會因為位置靠近建築物或靠近地面而不同。建議依據場所狀況，充分思考配置方式與高度，打造成使用方便又讓人覺得舒適安心的場所。

關於平台周邊的植栽

希望打造一個舒適又讓人覺得很安心的平台，最重要的是，植栽如何配置在必要的場所。不管平台設置得多氣派，倘若周邊植栽配置不得當，就很難打造一個使用起來讓人很安心的場所。

（照片1）

（圖1）露台與平台的組合

接近室內高度的露台

接近地面高度的平台

不同高度的兩處磁磚平台的組合運用實例。建築物旁的高平台用來晾曬衣物或擺放盆栽以美化環境，突出庭園配置在下方的低平台則成為樹下的起居空間。

建築物南面的露台。左右兩側與正面分別配置1處植栽空間。（千葉縣 增田宅）

（圖2）理想的平台植栽意象圖

平台兩側的植栽成為打造舒適平台環境的最大重點。

其次，一到了夏季，平台周邊的樹木就會形成樹蔭幫忙遮擋烈日。夏季期間，平台若一直暴露在陽光底下，就會成為熱源，該反射熱就會導致室內變得熱烘烘。

通風良好又形成樹蔭的平台，簡直就是炎炎夏日裡最渴望的綠洲。

配置在非常靠近平台周邊位置的植栽，基本上，應以落葉大喬木為主，構成絕佳的透視感，需要遮擋視線的方向，有時候會混植常綠樹的小喬木。

配置訣竅為靠近平台兩側，配置植栽群。

採用上述配置方式時，既不會影響平台的開放感，又容易在樹下營造穩靜舒適的空間，而且，一天當中，兩旁的樹木會分別在平台上形成樹蔭。

平台四周被樹木團團圍住時，易出現令人窒息的感覺，破壞好不容易才營造出來的開放感。因此，於平台周邊植栽時，應鎖定重點，進行更有效的配置。

打造原木露台的注意事項與植栽實例

於庭園裡設置木造露台時，避免破壞建築物旁的植栽空間，才可能因為設置露台而使居家環境更舒適。

在起居室或餐廳正面設置木造露台的情形很常見，但，露台周邊若無適當的植栽，那就不可能成為舒適的空間。

建築物旁的植栽，對於打造舒適居家環境更為重要。靠近建築物設置木造露台時，必須充分考量必要植栽的形狀與設計。

誠如前項中說明，設置露台時，除兩側植栽外，也可能配合露台長度等，於正面的露台旁規劃植栽空間。

庭園面積夠寬敞時，建築物正面確實可全面設置露台，但，設置時，建議還是針對露台兩側，與可在建築物旁形成樹蔭的正面側等，三個部分或四個部分規劃栽種大喬木的空間。

種在建築物前方露台邊的樹木，一到了夏天，除了在露台上形成樹蔭外，從室內看向庭園時，隔著大喬木樹幹還可看到漂亮的構圖，巧妙地營造出縱深感與置身於樹林間的穩靜舒適氛圍。

面積足夠時可這麼做，但，庭園空間狹小時，有時候不得不割捨掉部分露台空間，規劃大喬木的植栽空間。（照片2）。

（照片2）

設置木造露台時也一樣，配置時應避開植栽空間。露台的左右兩側分別植栽，因此必須割捨掉部分，配置在該部分的樹木就會幫忙營造穩靜舒適的氛圍。

（照片3）

（照片4）

誠如前頁照片2所示，空間太狹小時，鄰居或道路等周邊的礙眼住宅設施，也很容易影響到露台的氛圍，建築物旁植栽就能有效地改善該情形，對平台的舒適性有決定性的影響。其次談到照片3、4，這是配合建築物形狀設置L型露台，角落上配置樹木的實例。此實例中，該植栽成為兩個窗戶的近景，非常有效地美化了這個狹小的空間。

庭園空間越狹小，越需要周延考量周邊植栽的配置與規劃。善加利用建築物旁的植栽空間，周延考量露台的配置狀況與形狀，就能在樹下打造一個舒適無比的平台空間。

連結平台空間後組合成一座庭園

平台空間亦具備連結建築物與庭園的功能。空間許可時，由室內到室外，分階段依序連結平台，即可在庭園空間裡，打造一處富於變化的生活空間。

照片5是建築物後方的餐廳前設置木造露台，可由起居室的落地窗走下鋪貼磁磚的平台，底下又配置著地面高度的鋪石平台，以鋪石平台連結木造露台與磁磚平台的部分。

以上述方式連結平台，即可巧妙地融合建築物與庭園，走進庭園裡，不管走到哪一個平台空間，都會像待在屋裡的各個房間一樣，能夠享受到不同的氣氛和欣賞到不同的景色。

各平台空間因植栽而自然地區隔開來，讓人對下一個空間充滿著期待感。

由一個空間到另一個空間，兩個空間的交界處規劃植栽空間，即可美化各個空間，所有的設施都漸漸地處在樹木之間，整座庭園就能營造出縱深感與整體感。（照片6）

希望將好幾個平台連結在一起時，最能夠成為穩靜舒適生活空間的，通常是配置在庭園裡的平台。平台上設置穩固的座椅，該空間就能獲得更充分的運用。（照片7）

建築物旁配置露台或磁磚平台，成為建築物與庭園的中間地帶，就能更加深入庭園，納入樹木環抱的恬靜舒適空間，庭園就更貼近生活，生活樂趣就會因此而大幅提昇。

（照片5）

（照片6）

（照片7）

水鉢與岩石交織而成的小庭園

Ornaments Garden

典雅時尚的木圍籬內，是一處充滿閑靜風情的苔草庭園。樹梢上灑落下來的陽光，照射到水缽底下湧出的泉水時，形成閃爍的光影，使整座庭園顯得更生動活潑。（稲山宅庭園）

以鳥海石水鉢為主景散發日本風情的小庭園

東京都　稻山宅庭園

以造型典雅的木圍籬為區隔闢建一座充滿閑靜氛圍的日式庭園

加大窗戶，將和室隔間改成西式隔間，稻山透過居家大改造，打造了明亮又舒適的起居室與餐廳。改造後讓他感到最苦惱的是，走在道路上就能把屋裡情形看得一清二楚，緊閉著窗簾又讓人悶得受不了。因此提出設置圍牆以遮擋外界的視線，希望在圍牆裡打造充滿山野氛圍，能夠在園子裡開心散步的想法，委託大宏園的大島裕闢建了這座庭園。

能夠遮擋視線的大型圍籬，易讓人感到冰冷又森嚴。大島採用的是看起來很舒服的木圍籬。

原本就種在庭園裡，樹齡超過五十歲，枝條長得很有特色的黑松與剛剛加入的楓樹，都因為圍籬上預留的孔洞而鑽出牆外，將整座圍

右／位於玄關旁的房間前規劃簷下走廊，設置立式水龍頭。
左／地面長滿苔蘚植物。適度的濕氣，加上樹梢上灑落下來的陽光而培養出漂亮的青苔。

5 4

籬妝點得更柔美。

為了取得構成主景的水鉢專程前往鳥海山麓

起居室前規劃十平方公尺左右，約莫坪庭般大小的主庭園。大島於圍籬內側設置一道御簾垣（註）作為背景，再以水鉢為主景，闢建一座充滿閑靜氛圍的青苔庭園。

其次，專程前往日本山形縣的鳥海山麓。該地區開採的海鳥石因風化而磨掉了稜角，是非常容易長青苔的石材。

大島斷然決定採用，因為那是河水沖刷後，就會自然凹陷，長出青苔的石材。

將該石材設置在隔著起居室窗戶就能看到的正面，旁邊栽種山櫻、四照花、檀香梅以形成樹群，接著又在高低不平的地帶，不規則鋪貼義大利斑岩，岩石上鋪青苔。

樹梢上灑落下燦爛的陽光，舒適寧靜的庭園，稻山說：「這堵圍牆完全地改變了世界」，對這座庭園感到很滿意。

（註）御簾垣：形狀像竹簾的圍籬

1庭園佔地並不寬敞，因此選種樹幹俐落的四照花，種在窗邊，闢建陽光會從樹梢上灑落下來的美麗庭園。 **2**設置圍籬時，選用耐腐蝕性絕佳的巴西胡桃木板，門柱與水泥基礎鋪貼邊長10公分左右的焦茶色、淺茶色骰子狀義大利斑岩。 **3**水鉢直徑80公分，高60公分，大部分埋入土裡，打造優雅寧靜的水景。 **4**起居室正面的圍籬裡側，設置黑竹材質的御簾垣，作為庭園的背景。 **5**隔著起居室窗戶看到的庭園美景。

N
起居室
HOUSE
玄關
房間

主要植栽

大喬木：四照花、山櫻、小葉羽扇楓、山毛櫸等

小喬木：檀香梅、三葉杜鵑、Lonicera gracilipes等

DATA

庭園面積：10㎡
竣工日期：2013年10月
設計・施工：大宏園（大島 裕）

case02

在優雅時尚的混凝土住宅的中庭打造充滿溪谷意趣的水景

東京都　監物宅庭園

DATA

庭園面積：14㎡

竣工日期：2013年5月

設計・施工：藤倉造園設計事務所（藤倉陽一）

種在庭園前方的羽扇楓、大柄冬青、刻脈冬青的樹幹成了近景，讓庭園看起來縱深感十足，成功地營造出溪谷般意趣。

利用長年收藏的雅石 闢建舒適 又安全的庭園

監物將中庭設計成「明亮的庭園」，打造了充滿安全感的新家。

其次，親自動手於中庭中央設置素稱四半石的雅石造景（將4塊邊長五十公分的正方形石塊，排成田字型，正中央挖掘半球狀孔洞，設置灶口）構成的爐灶，栽種楓樹，周圍鋪上白色礫石，廣泛地以石材闢建庭園。

監物說：「鄰居們讚口不絕，但，我自己並不是很滿意」。

設置構想源自於一本介紹雜木庭園的雜誌。看到雜誌中介紹，納入自然樹形的清新優雅庭園就感到深深著迷，與造園家藤倉陽一討論後，委託對方利用自己因興趣而收集的水缽與四半石，闢建了這座庭園。

將水缽設置成 低位蹲踞 闢建富於變化的庭園

中庭寬三公尺，縱深四．七公尺，四周環繞著玻璃窗與厚厚的水泥牆。

藤倉說：「佔地空間不大，園內的設施若太小氣，就很難闢建氣勢十足的庭園」。庭園的四個角落上，分別設置分解開來的四半石，靠近庭園右側的區域，配置方形水缽，再加高水缽周邊的泥土，以大型秩父石構成溪谷般雅石造景，中

間設置降低高度的水缽以構成「低位蹲踞」。在荒涼的環境中營造出穩靜溫馨氛圍。雅石造景後方栽種大柄冬青、野茉莉、假繡球等，構成充滿溪谷風情的樹群。

剩下部分加土至走廊高度，平鋪石材完成可拾級而上的庭園。以草類植物增添色彩的柔美風情，成為表現荒涼意境的雅石造景之絕佳對照。

富於變化的庭園，不管佔地多小，都令人百看不厭，可就近感受到大自然的氣息。

上右／邊長60公分的水缽。設置在狹小庭園裡會太顯眼，因此以低位蹲踞設置手法，完成穩靜優雅的用水設施。由森林裡流下來的清澈水流，經過竹子、漂流木、兩種高度的引水管後滴入水缽裡，發出悅耳的水聲。 上左／監物在山梨地區找到的水缽。不是刻意加工成方形，這是渾然天成的水缽。

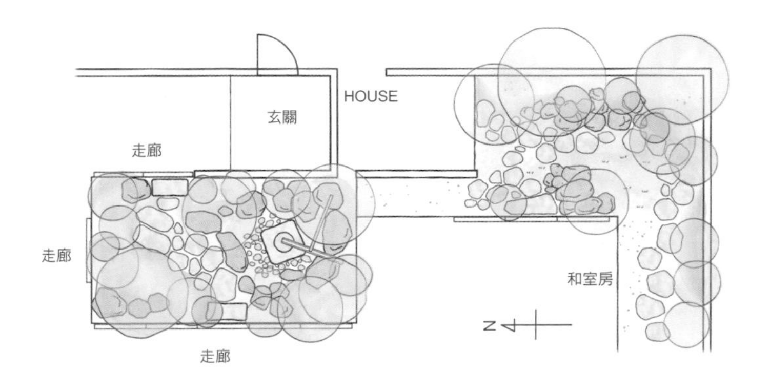

主要植栽

大喬木：枹櫟、大柄冬青、野茉莉、紅山紫莖、羽扇楓等
小喬木：灰木、腺齒越橘、柃木、刻脈冬青、東瀛珊瑚等

右／由2樓窗戶俯瞰中庭時景致。 中／位於2樓的起居室。以栽培長大的樹木枝葉妝點格子窗。 左／優雅時尚的玄關周邊。踏入玄關後立即映入眼簾的是綠意盎然的中庭。

水鉢與岩石交織而成的小庭園

case03

利用佔地才四平方公尺又四周都有建築物的空間與一公尺寬的通道打造道地的茶庭

東京都　三鷹學園的庭園

「善加利用剩餘材料，精心打造而成」，將這種質樸心境化為有形，設置隨處可見蟲食般痕跡，可通往蹲踞清潔雙手的石板路。

克服空間狹小問題 盡情揮灑創意

位於東京三鷹車站前，戮力於傳承茶道、香道、日本舞蹈等日本傳統文化的三鷹學園，這次遠從京都運來木材，包括室內擺設等細部都周延考量，用盡心思開設京間（註1）規模的嶄新奉茶室，同時又委託石正園的平井孝幸闢建茶庭（註2）。

但因建築物佔掉大部分空間，所以只有奉茶室前的四．三平方公尺的空間，與寬一．一公尺、縱深五．五公尺，通往茶庭的唯一通道能夠闢建庭園。

本身也學習茶道且造詣相當深厚的平井，絲毫沒有受到空間狹小問題的影響，自由地揮灑創意，規劃了非常傳統，兼具外露地（註3）與內露地的茶庭。

以樹籬區隔露地 將走廊設計成腰掛待合

為了遮擋鄰接的建築物，平井於庭園四周設置錆皮垣根（註4），調整背景後，於茶道教室的前庭設置露地門（註5）。露地門之後的通道是由飛石（註6）開始展開，接下來是完全改變風貌，據說是以京都町家（註7）使用過的細長型石塊舖設的通道，繼續往內走則是以舖設葛石與真黑石的石板路、舖設筑波增添變化的區域。接著來到外露地，映入眼簾的是以編入細竹

右／真黑石蹲踞。面對手水鉢，右為手燭石，左為湯桶石。　中／關守石，從這裡開始禁止通行。　左／第四道圍籬的中門。

的阿彌陀圍籬區隔的腰掛待合（註），設計成腰掛的走廊前方設置貴人石與連客石。

用於區隔內露地與外露地的是第四道圍籬的中門。若將外露地形容成以石材表現出來的山間小徑，那麼，內露地就是樹下長滿青苔的侘寂世界。平井於樹群中設置石板路，降低高度設置知名石材真黑石的蹲踞，再搭配外型素雅的插入式石燈籠。

1 以日本茶道宗師利休設計的角戶（註1）為露地門。原本長在前庭的檜葉金髮蘚，到了露地門附近成了地苔。 **2** 將走廊設計成腰掛的腰掛待合（註2）。蓋了小屋頂以免淋雨。 **3** 內露地。由中門進入，經過石板路，於蹲踞清潔雙手後，沿著飛石即可到達奉茶室。 **4** 奉茶室的躙口（註3）與飛石。

（註1）角戶：內露地等設施安裝的簡單園門，通常先樹立兩根原木為門柱，再以中樞、橫檔、門框構成，中柱上下突出約10公分，狀似長角而稱為角戶。
（註2）腰掛：椅子、凳子或可坐下的台子。腰掛待合：設置於奉茶室外的等候設施。
（註3）躙口：設於奉茶室，高65公分，寬60公分，外側設置單側拉門，客人進出必須以跪姿往前滑行的狹小出入口。

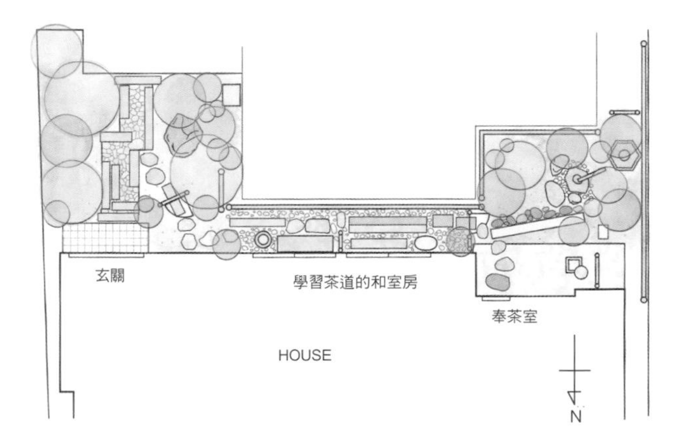

（註1）京間：建築尺寸基準之一，6尺5寸為一間，以京都為中心，日本西部地區廣泛採用。
（註2）茶庭：設於奉茶室外的庭園，亦稱露地。
（註3）露地：設於奉茶室外的庭園、院子，亦稱茶庭，分為內露地與外露地。
（註4）鏽皮垣根：鏽色杉木皮圍籬。
（註5）露地門：奉茶室外庭園的園門。
（註6）飛石：日式庭園造景之一，舖設在庭園通道上，兩塊石材間留下些許距離，走在飛石上就不會沾到泥土又可美化庭園。
（註7）町家：又稱町屋，民宅種類之一，指並設店鋪的都市型住宅。

由葛石與真黑石構成的石板路。

DATA
庭園面積：25㎡
竣工日期：2014 年 3 月
設計‧施工：石正園（平井孝幸）

主要植栽
大喬木：山櫻、日本花柏、赤松、鵝耳櫪等
小喬木：柃木等

潺潺流水營造出來的閑靜優雅庭園

Stream Garden

庭園的後方加高約2公尺，設置小溪流進水口，水流低於地面約60公分。開闢一條在微微起伏的庭園空間裡潺潺流動的小溪流。起居室附近栽種樹幹直徑超過50公分的楓樹，以及紫薇、柿子樹而看起來更深幽的庭園。（鈴木宅庭園）

case01

將可練習打高爾夫球的庭園改造成有潺潺流水與鋪石步道的庭園

東京都 鈴木宅庭園

庭園中央原本鋪滿草皮，改建後鋪貼石材。設置長形水缽，再以斜對鋪貼的石材構成美麗獨特的景觀。

DATA

庭園面積：280㎡
竣工日期：一期工事 1988 年6月
二期工事 1998 年7月
設計‧施工：石正園(平井孝幸)

餐廳前的樹蔭下栽種楓樹，長出線條柔美的枝條。微風輕吹就搖曳生姿形成賞心悅目的景致。樹下的小溪流寬近2公尺，無聲無息地慢慢流動著。

採用充滿回憶的根府川石

屋主曾因戰亂而疏散到神奈川縣真鶴地區的親戚家，因此，當地生產的根府川石是他小時候就很熟悉，充滿回憶的石材。從蓋新房子開始，就以這種石材闢建庭園。

其次，二十六年前，希望庭園有煥然一新的感覺，決定將原來的庭園改頭換面，闢建成有潺潺流水的雜木庭園，鈴木以使用這種石材為條件，委託造園家平井孝幸闢建了這座庭園。

石材量非常大，平井邊調整，邊組合小溪流的進水口，小溪流兩旁設置根府川石與丹波石，完成非常有特色，水潺潺流動的淺淺小溪流。庭園正中央種植草皮，供熱愛高爾夫球活動的屋主練習。

以長形水鉢為主角鋪貼石材以取代草坪

趁增設起居室的機會，庭園改造工程正式展開。

先針對起居室窗外的草皮進行大改造，以長形水鉢為主，地面鋪滿石塊。

水平設置已加工成會湧出泉水的長形水鉢，然後與水鉢呈四十五度角，斜斜地配置大小不一的塊狀透水石，接著組合已經磨掉稜角、充滿柔美氛圍的惠那石，完成生動活潑，同時又散發恬靜風情的庭園。

走出起居室後來到庭園裡，經過設置在小溪流上的飛石，繼續仕夾著長形水鉢，鋪成雁行狀態的鋪石平台方向走去，很快地就來到小池平台，每走一步都能欣賞到不同的景色，再加上可以在園子裡散步，完成讓人更想親近的庭園。

左／長2公尺，寬40公分，氣勢十足的長形水鉢。水由水鉢底下湧出後，先積在四周，再匯流入小溪流。據說經常會看到小鳥在小溪流洗澡的可愛模樣。　下／鋪在小溪流底下的透水石與惠那石。透水石易長青苔，惠那石邊角渾圓，可感覺出石材的厚度。

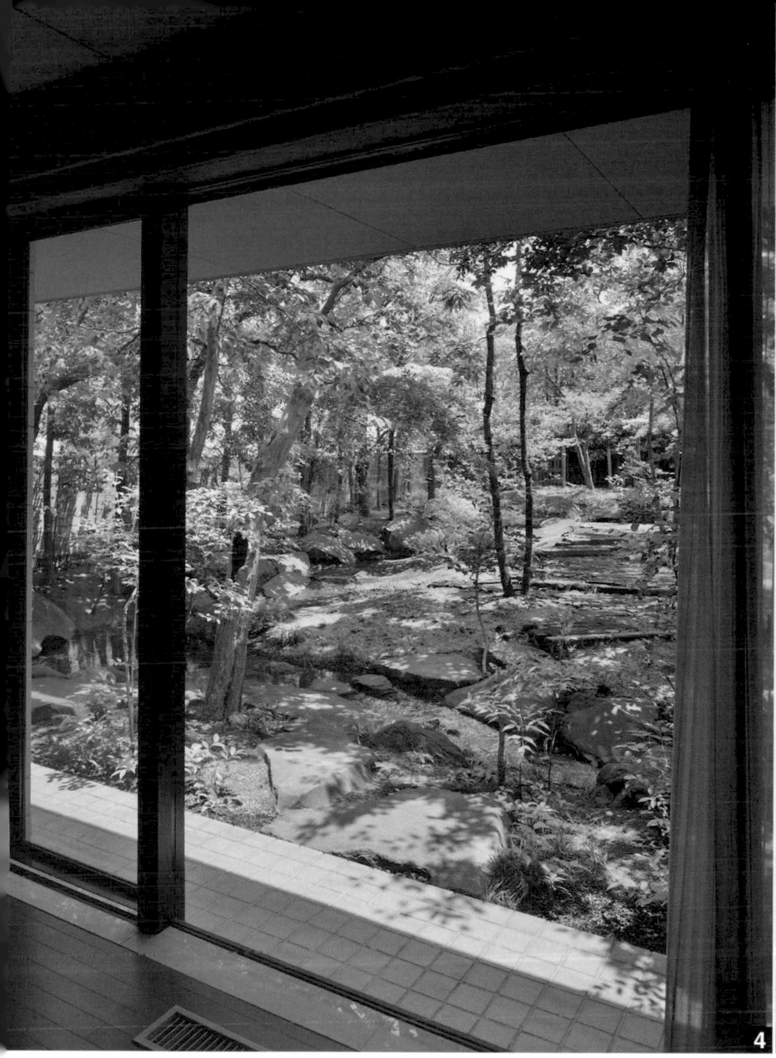

4

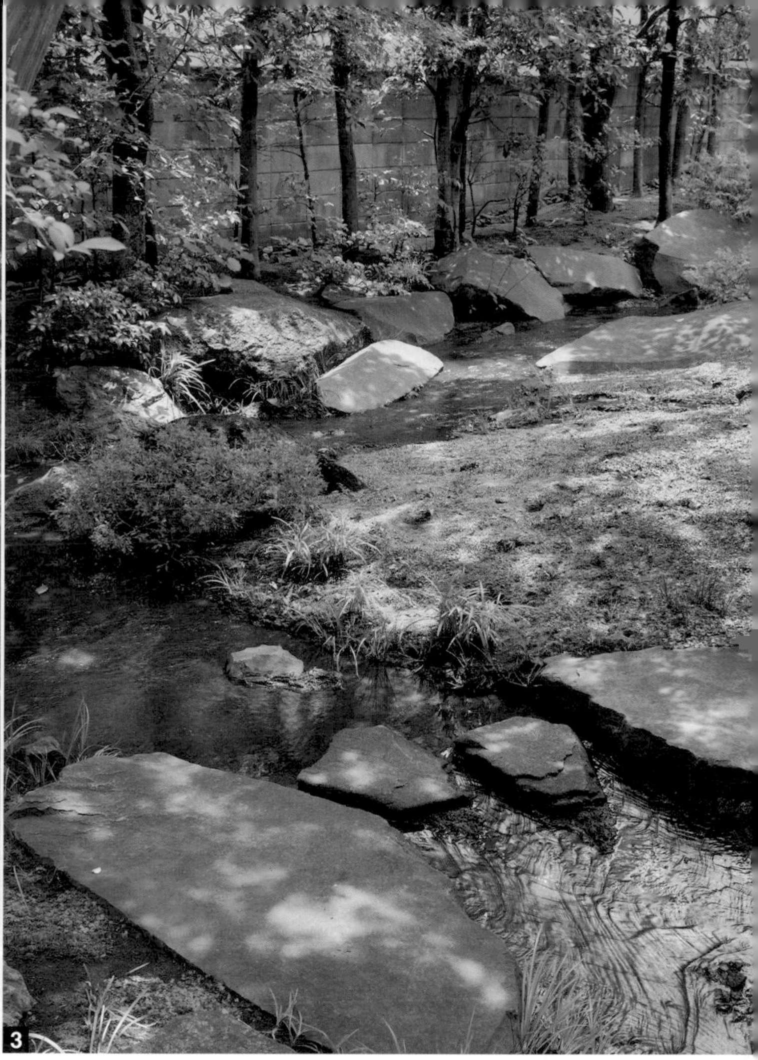

3

1水由平躺在地上的根府川石表面流下，個性十足的小溪流。可聽到悅耳水聲的庭園。利用雨水形成小溪流後，構成川流不息的狀態。**2**為庭園四周增添色彩的青剛櫟、山茱萸樹蔭下的小溪流，水深1公分，以反映河床凹凸狀態而產生的漣漪最漂亮。**3**可橫越過小溪流的飛石，採用根府川石，石材表面處理出止滑效果。**4**設置在起居室，寬3.4公尺，高2.3公尺的窗戶，宛如一個畫框，可欣賞圍著四季變化而風情萬種的美麗庭園。

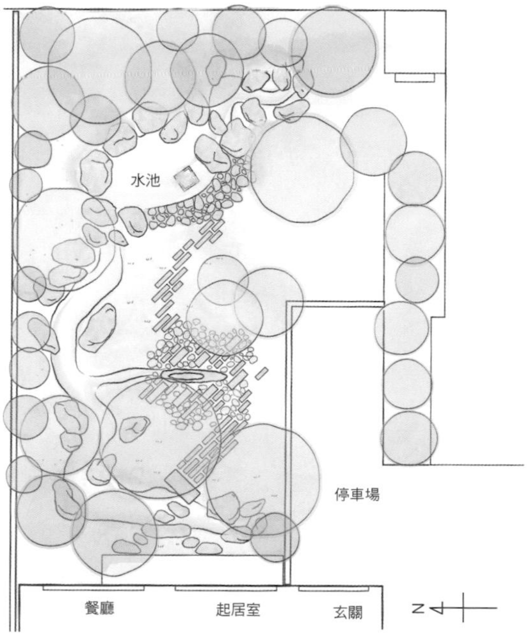

主要植栽

大喬木：楓樹、四照花、赤松、梣樹、吉野杉、紫薇、枹櫟等
小喬木：刻脈冬青、山月桂等

上／造訪庭園的蒼鷺（鈴木拍攝）。 下／庭園裡的雪景。（鈴木拍攝）

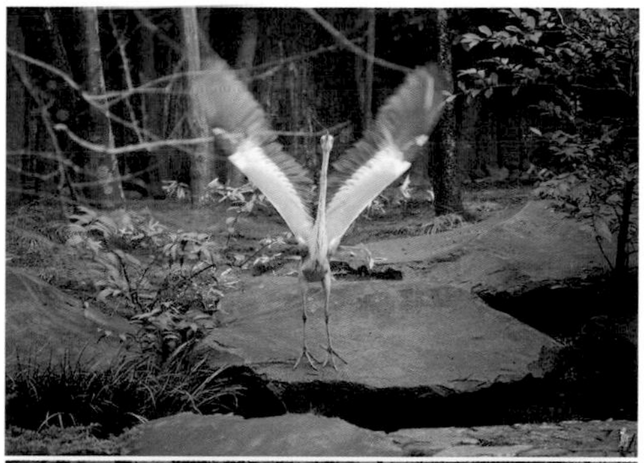

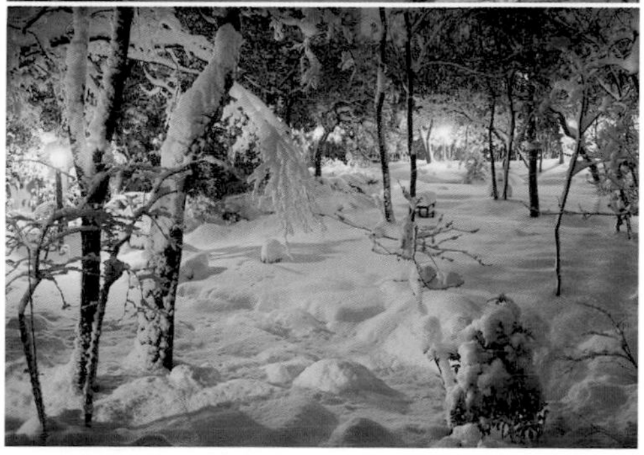

潺潺流水營造出來的閑靜優雅庭園

case 02

座落在都市住宅區裡的開放式雜木庭園

東京都 船橋宅庭園

DATA
庭園面積：75㎡
竣工日期：2006年9月
設計‧施工：石正園（平井孝幸）

開放式雜木庭園。平井說：「希望東京的庭園都能像這座庭園，連過路行人都感到賞心悅目」。

1 宛如雜木林的庭園前方，堆砌成崩塌狀的石圍牆，林緣栽種灌木，過路行人也能欣賞雜木林的自然美景。 **2** 水由石縫間湧出，經由龜甲石下方往下游流去。 **3** 石橋與會湧出泉水的水缽。舖設入口通道的石材表面敲打得很粗糙，下雨天行走也不打滑。

庭園四周設置圍籬 庭園裡開闢 綠意盎然的小溪流

受邀參加庭園落成派對時，船橋認識了負責闢建該庭園的造園家平井孝幸。由於這層關係，船橋委託平井闢建這座園內設有停車場的雜木庭園。

這是佔地七十五平方公尺，位於都市住宅區裡的開放式屋前庭園。

平井充分考量庭園與周邊景觀後，於庭園與鄰居之間設置一道木圍籬，道路方向則部分設置較低的木圍籬，再以水為主題，闢建這座有小溪流蜿蜒流過的庭園。庭園通道旁以泉水源源不絕地湧出的水缽為重點，經過設置著石橋，路面舖上石板的庭園通道，即可前往玄關。

栽種樹木 待在起居室裡就能 遠眺欣賞又能 幫忙遮擋外來視線

環繞庭園設置的圍籬外側，以大塊秩父石堆砌成崩塌狀後，栽種貴素馨、日本山梅花、通條木等灌木。除納入雜木林外緣的景致外，保有自然景觀又能避免外人入侵。

其次，庭園裡側栽種枹櫟、山櫻、紅山紫莖、榉樹、吉野杉等，待在起居室就能欣賞自然景觀，又能幫忙遮擋來自道路方向的視線，栽培成環境清幽乾淨，樹下完全沒有雜草的山林樹群。

停車場蓋了屋頂，再以河川砂石處理成洗石子狀。庭園與停車場之間設置信箱，安裝對講機，強化大門的印象，發揮著結界功能，拒絕外人繼續入侵。

停車場
起居室
HOUSE
玄關
平台
N

主要植栽

大喬木：枹櫟、榉樹、台灣掌葉楓、紅山紫莖、赤松、山櫻、吉野杉等

小喬木：深山莢蒾、灰木、烏心石、刻脈冬青、檀香梅等

由圍繞設置在建築物四周的平台眺望庭園時美景。精心栽培，可欣賞到枝幹相連與枝葉層疊等自然美景。在此舉辦派對時，水缽成了冰鎮紅酒的絕佳場所。

case03

向河川借景 設有可潤澤草原的水池與小溪流的庭園

埼玉縣　高橋宅庭園

讓思緒在故鄉盡情地奔馳

生長於北海道的高橋，趁住宅改建成充滿田園風情的西式建築時，委託老早以前就認識，深知彼此個性的造園家大島裕，進行庭園大改造。

前來踏勘時，大島最著重的是流經庭園後方的大落古利根川的美麗風光。那是一處河水緩緩流動，河床上長出綠油油的青草，堤防邊綠樹成蔭，視野非常遼闊的地方。

大島向這條河川借景，計畫打造一座明亮又充滿開放感的草原庭園。移植正面的松樹，將視野遼闊的風景納入庭園裡，地面微微地處理出起伏狀態後，栽種草皮，形成綠油油的草原。草原前方設置孕育生命的水池。池水面與草皮幾乎相同高度，以形狀柔美的小石塊為水池滾邊，注入滿滿的池水後，完成這座風光明媚的庭園。

與河川融為一體的庭園，與天空連成一氣，構成氣勢磅礴，賞心悅目的景觀。

DATA

庭園面積：230㎡
竣工日期：2014年6月
設計·施工：大宏園（大島 裕）

原本為樹木團團圍繞的草皮庭園，大島動手將遮擋住視野的樹木移走，再向河川借景而打造這一座舒適寬敞的庭園。露台前栽種四照花、連香樹、鵝耳櫪以遮擋西曬陽光。

上／水由源頭流出後，穿梭經過樹下，再流入小溪流。　左／小溪流源頭的石塊是大島前往產地精心挑選。將三塊石頭組合在一起，形成凹處後，讓水由凹處湧出。

上右／小溪流的上游，將石材堆疊成山上滾落下來的樣子，以亂中有序的石材組合表現小溪流。　上中／水流到中途後被堵住，形成清澈無比的小水窪，展現出恬靜優雅風情。　上左／楓樹下的小溪流。越往下游，石頭越小，小溪流落差越小。鳥海山麓生產的鳥海石，因為風化而磨掉稜角，表面很容易長出青苔，是大島最喜歡的石材之一。

在蒼翠茂密的大樹下　開闢深山裡的小溪流

高橋家的玄關前有一棵樹齡超過四十歲的大樹，長出茂密的枝葉而形成非常涼爽舒服的樹蔭。

大島在大樹下開闢一座池水源源不絕地流入的水池。若把屋前形容成一大片明亮的草原，那麼，玄關前就是深山裡的小溪流。為了營造蒼翠山林氛圍，追加栽種楓樹，闢建小溪流時，總共使用了四十噸鳥海石。

水由巨大岩石的凹處湧出後，從岩石表面滑落下來，形成急流與深深的水窪，然後經由岩石間縫隙，繼續往下游流去。

小溪流與平地邂逅於山腳下，演繹出山上的石頭滾落到山白竹林裡的美麗景色。越靠近草原，石頭形狀越平穩，山白竹變成玉龍草，水池四周長滿草皮。

茂密蒼翠的玄關前山景。枝葉間若隱若現的雅石造景就是小溪流的源頭。使用井水。

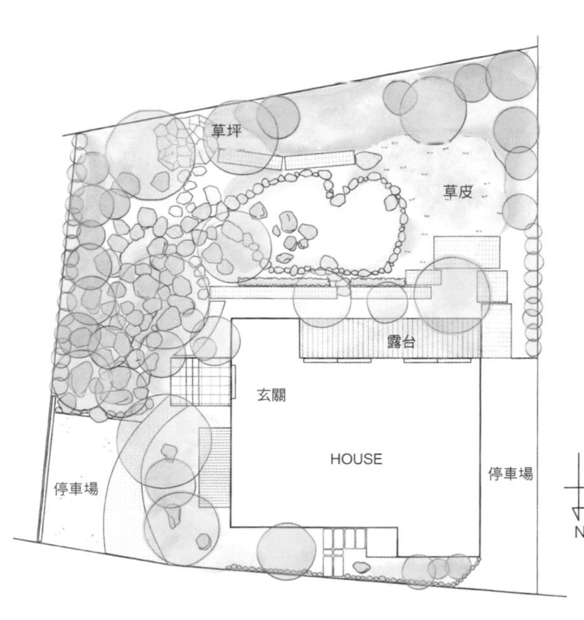

主要植栽

大喬木：楓樹、四照花、山毛櫸、小葉石楠、赤松、山茱萸等
小喬木：雙花木、腺齒越橘、垂絲衛矛、大手毬、星毛珍珠梅等

左／在水池裡優游穿梭的錦鯉與睡蓮。 下／山林與草原之間的景色。小溪流的雅石造景變成平坦的岩石，錯落在山白竹的原野中。連結成草原的恬靜溫馨景色。

雜木庭園的培育與管理

Part 1 樹木為什麼需要維護管理呢？

高田宏臣

圖・竹內和惠

（照片1）施工後第2個月的庭園

（照片2）施工後第9年，悉心維護整理的庭園。

街道上或庭園裡為什麼需要種樹呢？簡單地來說，「是為了美化生活環境與提昇舒適度」，對大部分人而言，這未必是最貼切的答案吧！

除上述功能外，近年來，庭園還必須具備所謂「靠大自然的力量改變微氣候以打造舒適居家環境」的樹木功能。

符合這些期待的理想植栽方式與提示，已於「打造健康舒適居家環境的雜木庭園」（42頁）單元中說明過。

但，樹木有生命，不可能一直處於相同的狀態，在該環境中必須不斷地面對競爭，努力生長，或因為危害到健康而生病。在有限的居家環境中，人類與樹木若希望永遠維持著良好的共生關係，那麼，無論如何都必須透過維護管理，才能因應該場所的條件與庭園的狀態。

如何維護庭園環境才能達到最佳狀態呢？

照片1與照片2是同一座庭園拍攝，照片2為植栽後第九年，經過初夏期間的維護整理後情形。

繼續維持必要的樹蔭，光線適中，空氣流通，樹木的健康狀況與居家環境舒適度都維持得相當良好。

當然，越界往鄰居家生長的枝條，碰觸到建築物或電線等設施的枝條也都修剪掉，整體而言，依然充滿恬靜氛圍，枝條也長得自然柔美。

照片1是同一座庭園完工後第二個月，也就是初夏期間的情形。樹蔭差異一目了然。

樹木剛栽種，樹幹纖細，樹蔭微弱，還無法充分地發揮改善居家環境的作用。這些樹木經過九年的栽培，已經形成無可取代的居家環境，而且，未來一、二十年，這座庭園還是會繼續地發揮維護居家環境的作用。

其次，透過適度的植栽與適當的管理，即可讓庭園在短短的兩、三年內就趨近於最佳狀態。

照片3與照片4是同一座庭園拍攝。照片3是栽種樹木當年的情形，照片4則是經過兩年半栽培後的情形。

樹木確實地展現出旺盛的生命力，自然而然地形成充滿大自然氣息的居家環境。

（照片3）

（照片4）

培育管理與維護管理的差異

希望更長久地享受庭園樂趣，那麼，考量植栽時就必須著眼於數年後、數十年後，同時，植栽後管理必須適當，否則很容易因為生命力旺盛的雜木反撲、失控，眨眼間，整座庭園完全失去大自然氛圍與舒適的狀態。

「靠經年累月孕育出來的樹木力量與管理作業，將庭園狀態維護得更理想」，維護照料庭園時，必須隨時懷著這樣的觀點。

希望庭園始終維持著完工時樣貌，維護管理時若一直懷著這個念頭，就很容易出現「樹木長大就該修剪」的便宜行事想法，結果，不僅庭園環境每況愈下，還可能因為刻意地抑制樹木的成長，導致樹木呈現出不自然的狀態，甚至危害到樹木的健康，致使樹木無法充分地發揮功能。

庭園或綠地的管理作業，可大致分成維護管理與培育管理兩大類。

維護管理係指極力維持樹木姿態或讓樹木維持在一定狀態下的管理作業，培育管理則是指排除妨礙電線或建築物等設施的枝條，邊為樹木創造健康成長的條件，邊依據該場所的植栽目的培育樹木的管理作業。

總之，希望打造舒適的居家環境，讓樹木在有限的空間裡繼續發揮作用，因為這個目的而闢建雜木庭園時，還是以邊栽培、邊控制成長的培育管理作業最重要。

但，過去的日本庭園，以及日本人的管理思維，明顯都是以維持原形的維護管理為基礎。

其背景為枯山水等充滿禪意的庭園，或以盆栽，或縮小景觀後表現出浩瀚大自然意境，在豐饒的大自然環境中培養出來的日本人的精神

剛完工的雜木庭園。應以培育更自然、姿態更美、更綠意盎然的庭園為要，樹木的空間等管理是以後的事情。此時不應該以維護庭園原貌為主要目的。

以雅石與植栽表現深山幽谷意象，充滿禪意的庭園枯山水。表現層巒疊翠意境的皋月杜鵑，透過修剪而維持庭園完工之初的姿態，維護管理目的是維持原貌。（神奈川縣鎌倉市明月院的枯山水）

與傳統文化。

那當然是足以在世人面前引以為傲的優美文化，但，相對地，日本人也受到該特殊庭園文化之影響而被束縛，逐漸失去美化生活環境，打造美麗城市不可或缺的維護整理觀點。

此情形與針對環境中的庭園、街道上的樹木，進行無意義的修剪，導致樹木失去綠化功能，日本各地常見的錯誤維護現狀也息息相關。

透過對城市綠化的高度認知與對樹木的熱愛努力地培育出舒適的都市環境

樹木到底該如何維護管理呢？答案是，必須重新思考居家環境綠化問題。

照片5拍攝的是東京都豐島區的一處住宅區。直到現在，這一帶還樹木蒼翠茂密到令人不敢相信是位於東京都內，一踏入住宅區內，就讓人不由地產生建築物錯落建蓋在環境清幽的森林裡的感覺。

這片土地上原本座落著紀州德川家的宅邸與廣大庭園，二次大戰後，才提供作為外交官等駐日外國人住宅用地，至今還有非常多外國人家庭繼續居住。

樹木由家家戶戶的庭園探出頭來，覆蓋了街道，繼而遮蓋了鄰居們的區域，因此，即便炎炎夏日，整個住宅區裡都有涼爽的樹蔭。

這處環境優雅又適合居住的區域，確實是靠栽培長大的樹木打造出來，但，若不是住宅區內的居民，把這處樹木健康成長後，彼此覆蓋對方區域的情景視為理所當然，努力地維護該價值，這處住宅區能否繼續維持綠意盎然的優雅風貌實在值得探討。

這處住宅區並沒有花大錢去維護管理樹木，而是將人們已經逐漸遺忘的樹木功能，理所當然地用於改善區域環境，而在熱島效應日益惡化的都市裡，打造了這處優雅舒適得宛如另一個世界的居家環境。

這處住宅區定能發人深省，促使人們重新思考過去的都市綠化思維。

如何綠化、維護整理才能打造深受喜愛城市呢？為了喚回都市中充滿綠益的優雅環境，必須從這個問題開始思考起。

（照片5）位於東京都市區內，讓人不由地想起輕井澤，綠意盎然，環境優雅舒適的住宅區。

夏天就會在道路上形成涼爽樹蔭的櫻花大樹。每年春天居民都會舉辦賞花活動。居民還因為這些樹木而培養起密切的互動關係。

最理想的狀態是，環境清幽舒適，街道上的樹木無公私分別，家家戶戶的樹木能夠與鄰居們共享，道路上的樹木可在家家戶戶的土地上形成樹蔭。

剛完成植栽作業的雜木庭園。以枹櫟、鵝耳櫪等大喬木，底下的掌葉楓、金縷梅、野茉莉、鱉莢莢蒾、白櫟等樹木，組合栽種配置而成的植栽群（紅線圈起的部分）。

Part2 健康又舒適的庭園植栽培育訣竅

植栽是一時，維護管理是一輩子的事情，這句話最適合用於闡述庭園建設，但，事實上，適度植栽又符合自然定律，就能培育出健康又不必花心思維護的庭園。希望將庭園維護得很舒適，不必花太多心思照料，栽種前必須先了解一些訣竅。

以森林裡的大喬木樹種為主 底下栽種亞喬木、小喬木樹種

在都市的嚴酷環境下，希望將樹木培育成自然又健康的狀態，那麼，樹木就不能單獨地栽種，區分上下空間，採用組合栽種方式，每個階層的空間都適度地栽種，可說是效果非常好的方法之一。

規劃大喬木植栽區域時，建議最上層栽種枹櫟、鵝耳櫪等，能夠適應當地風土氣候的森林大喬木樹種，下層栽種一直在森林守護下的環境中生長的楓樹、大柄冬青、四照花等，本來就在森林的亞喬木以下階層生長的樹種，依森林階層組合栽種上、下層樹木。

這些本來在亞喬木以下階層生長的樹木，若突然單獨種在陽光普照的都市環境中，很容易因為日曬或乾燥而受損，甚至失去了活力。尤其是氣候比較涼爽地區常見的梣樹、小葉羽扇楓、星毛珍珠梅、腺齒越橘、連香樹等，分布於不同氣候區域的樹種，栽種時更應充分考量夏季日曬、陽光反射以及乾燥問題。

接著就來針對這些樹木的特性，介紹幾個組合植栽實例吧！

照片6為五年前單獨種在陽光普照的草皮廣場上的梣樹。梅雨季節過後，連續面對好幾天酷暑天氣，樹葉幾乎被曬乾的情形（照片7）。原因是夏季期間突然照射到酷熱難當的烈日，樹幹的水分大量

（照片7）

（照片6）

（照片8）

流失，葉片無法透過蒸散作用而降低體溫與抑制溫度上升，樹葉因此幾乎被曬乾。

接著就來針對這些樹木的特性，介紹幾個組合植栽實例吧！

照片6為五年前單獨種在陽光普照的草皮廣場上的梣樹。梅雨季節過後，連續面對好幾天酷暑天氣，樹葉幾乎被曬乾的情形（照片7）。原因是夏季期間突然照射到酷熱難當的烈日，樹幹的水分大量流失，葉片無法透過蒸散作用而降低體溫與抑制溫度上升，樹葉因此幾乎被曬乾。

上述情形就是嚴重耗損樹木的體力，導致樹木失去活力的主要原因。樹幹太乾燥與失去活力，樹木無法順暢地輸送樹液，因此失去對抗天牛、樹皮小蠹蟲的能力，樹木整棵枯萎的情形也很常見。

其次，照片8為種在同一座庭園裡的連香樹，和梣樹一樣，孤伶伶地種在草皮庭園裡，五年後的八月份，梅雨季節過後沒幾天，原本綠油油的樹葉漸漸地轉變成黃色，一星期後葉子幾乎掉光。原因如同梣樹，樹幹照射到陽光而太乾燥，水分無法輸送到樹葉。

樹幹太乾燥而引發疾病，這就是危害樹木健康的重大因素之一。當然，土壤等的植栽條件夠好，樹木活力旺盛時，即便在這麼嚴酷的環境中，枝葉還是會拼命地往四面八方生長，保護樹幹以避免日曬或陽光反射等傷害，但，倘若失去該能力，或好不容易才長出枝葉卻被修剪掉，樹木的活力就會迅速地衰退。

無論梣樹或連香樹，原本都是在氣候涼爽的森林裡才會健康成長的樹種，因此，種在溫暖地區時，必須充分考量夏季日曬、陽光反射與乾燥等問題。

（照片9）

照片9為植栽後六年的秋季期間的庭園。小小的庭園裡，種了十幾棵枹櫟，夏季期間在庭園裡形成樹蔭，保護下層的樹木。生氣蓬勃地轉變成紅葉的是小葉羽扇楓，除此之外，光臘樹、腺齒越橘等涼爽氣候下的落葉小喬木，也非常健康地在這座庭園裡生長。

宛如置身於森林裡，因為形成樹蔭而非常涼爽，且能夠適度地調節日照與通風狀況的庭園環境，更容易維護這類森林小喬木樹種的健康。

形成植栽群 建立樹木之間的共生關係

另一方面，即便改善嚴酷環境能力絕佳的枹櫟等大喬木樹種，也應避免孤伶伶地單獨栽種，搭配其他大喬木，與亞喬木、小喬木種在一起，對樹木健康而言，絕對有好處。照片10是堅硬的黏土質土壤環境中，單獨栽種一棵枹櫟，五年後夏天的情形。

土質太差，樹冠的枝葉無法健康地成長而形成樹蔭，樹幹上密集生長細小葉片，樹幹長出這種小枝葉時，樹幹中的水分與樹液就無法順暢地輸送，因此，樹幹中途接二連三地長出細小葉片。這些細小葉片肩負著保護樹幹以免太乾燥的重責大任，因此，維護整理時若覺得有礙觀瞻而拔除，樹幹就很容易因為太乾燥而造成損傷，甚至逐漸失去活力。

即便耐得住嚴酷環境繼續生長的大喬木樹種，也無法抵擋樹幹太乾燥問題，單獨栽種一棵大喬木，很難確保持續地健康地成長。

這就是不單獨栽種大喬木，以好幾棵樹木為單位，分階層栽種樹木的雜木庭園，不會出現樹幹太乾

條件比較惡劣的土地只能栽種一棵枹櫟。因為樹幹乾燥的問題，不僅是會傷害到樹木本身的健康，長出細小支葉的問題也層出不窮。

以群落為單位，栽種枹櫟為主的大喬木，配置為形成樹蔭後可彼此遮擋樹幹的狀態，打造健康又清爽舒適的空間。

燥，樹幹中途不會長出細小枝葉，形成樹蔭而底下的枝葉不會長得太茂盛的主要原因。如此一來，大喬木下的空氣就非常流通，能夠形成適合樹木健康生長的森林環境。

以群落為單位確實發揮遮蔭效果的植栽

以群落為單位，密集栽種樹木，促使樹木發揮彼此守護、相互競爭等有助於植物生長的作用。

其中之一為土壤改良作用與改良後增進樹木健康的作用。

樹木的根部特性因樹種而不同，其中包括可筆直地往地下扎根的深根性樹種，根部在淺層土壤中橫向生長的淺根性樹種，以及介於兩者之間的樹種。

深根性樹種如枹櫟、麻櫟、白櫟、栲樹等，淺根性樹種如鵝耳櫪、四照花、姬沙羅等，兩者因種類而不同，且，移植後根部成長速度也不一樣，有的像枹櫟一樣，恢復速度非常快，有的像四照花般，切斷粗根後復原速度就很慢。

以群落為單位，將樹木密集混種在一起，根部生長後就會相互交纏、彼此支撐，植栽時就不需要設置支柱等，碰到颱風也不會倒伏，而且能夠早日栽培成體質強健的植栽群。（圖1）

以各式各樣的樹種組合成植栽群，土壤中的有機物含量就會因為根部的枯死再生而大幅提昇，促使微生物與土壤中細菌等土壤中分解者增加或增進活力，繼而因此加速植栽後對土壤的改善速度。

此外，樹木形成樹蔭後即可保護根部，避免因溫度上升或乾燥等而受傷害，土壤表面的生物活動就更活潑。

以群落單位組合栽種樹木，除彼此保護以免受風吹與日曬等傷害外，加速土壤改良速度，奠定維護樹木健康基礎的效果也非常大。

儘量避免設立支柱

為了避免植栽後樹木傾倒而設立支柱，可能影響及根部的生長，同時很難發揮土壤的改良效果。

因此，植栽後努力栽培到完全不需要支柱，對於培育健康的庭園至為重要。

樹木因風吹而晃動時，根部也會跟著動搖，如此一來，就會產生泵浦般效果，將空氣送進土壤裡。其次，根部動搖時，細根就會斷裂，分解後就成了土壤中生物的養分。繼而，根部往土壤中生長時，周邊的土壤環境也會漸漸地獲得改善。

（圖1）混植時的根部狀態

以群落單位，組合栽種後，經過數年的培育，樹木根部的生長情形。每一條樹根都確實地發揮改善土壤的作用。

6月份，颱風季節前夕，剛完成植栽作業的情形。未設立支柱，採組合植栽方式，根部很快地交纏在一起，幾乎不會出現樹倒情形。

設立支柱後，樹木不會晃動，空氣無法泵送進土壤深處，根部活力也下降，就無法深入土壤深處培養土中生物，無法發揮改善土質的作用。

採用不需要設立支柱的植栽方式，促使樹木及早奠定生長基礎，以便健康地成長，這就是密集栽種，構成植栽群的最主要目的。

避免造成樹木的負擔 以大喬木為中心 進行維護整理

居家自然環境的維護整理是人與樹木，或種在一起的許多種樹木，和平共處於有限空間絕對不可或缺。

另一方面，修剪與修枝等樹木的維護整理，通常是為了打造適合人類居住的空間而進行，並不是為了樹木著想。不適當的修枝，對於必須面對競爭才能健康地生存下去的樹木而言，其實並沒有好處。

希望庭園繼續維持健康又美麗的樣貌，最重要的是，植栽後不能只著重於維護整理方式，應自然地抑制生長，避免因過度修剪而造成樹木的負擔。

更進一步地說，未必每年都需要大費周章地針對庭園裡的所有樹木進行維護整裡，只需視狀況需要，針對需要修剪枝條、抑制高度、幾乎不需要整理、必須疏葉或疏苗，抑或是完全不需要理會比較好的樹木，臨機應變地針對庭園狀況進行維護整理即可。

照片11是庭園維護整理前的情形。大喬木樹勢太強，陽光無法照進庭園裡，樹木太茂密，環境處於陰暗狀態。

枝葉太茂密而阻礙空氣流通，沈重氣氛，壓迫著空間。出現此情形時若置之不理，大喬木枝葉就會更恣意地生長而覆蓋住天空，森林底層的樹木照射不到陽光，生長狀況就會日益衰退。

栽種大喬木的雜木庭園，必須針對大喬木進行適度的修剪以免枝葉太茂盛，或視狀況需要，控制樹木的高度。

除主要樹木的落葉大喬木外，栽種橡木等，在樹蔭底下也能健康地成長的常綠大喬木樹種時，容易阳

維護整理後，樹梢上灑落下來的陽光，一直照射到灌木與樹下小草，形成通風效果絕佳，適合植物生長的空間。

（照片11）維護整理前。枝葉遮擋住光線與空氣而環境太陰暗。

凝空氣流通，因此必須略微地修剪枝條。此外，亞喬木、小喬木的成長速度也很快，但，種在樹蔭下就能抑制生長，避免枝葉太茂盛，因此，幾乎不需要花心思維護整理。栽種後視狀況需要修剪可能壓迫空間的枝葉即可。

發現活力衰退的樹木時，應避免過度呵護，建議針對周邊的樹木進行維護整理，整頓周邊環境以促使活力衰退的樹木恢復健康，譬如說，光線不足時，修剪掉上方的大喬木枝葉，好讓該樹木適度地照射陽光。起因為太乾燥、日曬或陽光反射等問題時，應促使周邊樹木長出茂密枝葉以便保護活力衰退的樹木。

其次，庭園植栽後會陸續出現被淘汰的樹木，此情形也可讓空間更清爽，因此，有時候必須任由淘汰，或判斷是否需要疏葉、疏苗等。

總之，即便需要大肆修剪大喬木的枝條，也應儘量避免因過度地修剪而傷害到樹木，充分運用樹蔭環境，讓樹木更穩健地成長，才是維持健康又自然的庭園之訣竅。

維護整理的適當時期與次數

避免造成樹木的沈重負擔，對於庭園的維護整理時期必須有充分的考量。春季期間的維護整理是抑制生長速度的最有效方法，但，炎熱夏季來臨前，枝葉若未恢復到某種程度，可能因為太乾燥而造成損傷，樹幹因日曬而太乾燥，就會失去對抗病蟲害的能力，因此，夏季正式來臨或梅雨季節應儘量避免維護整理。

其次，新芽健康成長的新綠時期當然應避免進行維護整理。

秋季至冬季期間，陽光減弱，是非常適合修剪大喬木枝葉的時期。春天萌芽後，最容易出現枝葉太茂盛，空氣不流通，覺得壓迫感沈重時期就是梅雨季節。春天至初夏期間，眼看著枝葉一天比一天茂盛，就很想動手維護整理庭園，因此建議針對枝葉長得最茂盛的五月中旬以後至六月份，以及樹木活動力下降，進入休眠時期的秋末至冬季期間，擬定一年維護整理兩次的計畫。

當然，並不是說每年一定要維護整理兩次，也可能出現一整年都不需要維護整理的情形。

總之，目的在於樹木能健康成長，又能夠與人類環境持續地維持在最佳狀態，因此，不需要維護整理時，一整年都不打理也沒關係。

狀況絕佳的雜木庭園不需要花太多時間維護整理

以當地雜木林裡生長的大喬木樹種為庭園裡的主要樹木，於樹下打造可讓植物穩定生長的環境，樹下長滿雜草，夏季期間就會形成樹蔭，因此，植栽後二、三年，在陽光下旺盛成長的雜草都會自然地消失蹤影。

其次，大喬木底下的樹木，通常在半遮蔭狀態下就能健康地成長，容易維持柔美的形狀，不需要花時間維護整理，就能輕易地栽培出自然柔美的姿態。

栽種大喬木時，必須視狀況需要抑制生長，但，每年交互修剪大枝條即可，不需要花時間維護整理。其次，因為維護整理作業可在樹蔭底下輕鬆愉快地進行，即便出汗也不會覺得辛苦，也是雜木庭園魅力所在。

充分運用各種樹木的特性，完全配合自然定律的庭園，不需要花太多心思維護整理，樹木就能健康地成長。

與樹木對話過程中，能夠深深地感受到樹木與自然環境融合在一起的感覺，該庭園需要如何維護整理呢？針對各種問題重新思考，可說就是栽培美好庭園的第一步。

剛完工時的雜木庭園。經過適度的維護整理，假以時日，剛誕生的庭園就能培育成健康、舒適又充滿大自然氛圍的空間。

落葉樹

適合雜木庭園栽種的樹木

高田宏臣
照片・ARSPHOTO企劃　鈴木善實

本單元中列舉的樹木，只是雜木庭園常用樹種的一小部分。建議參考在當地健全成長的自然樹木的結構，適當地挑選樹種，任何樹木都適合闢建雜木庭園時採用。其次，在不影響環境的範圍內，以灌木為主，廣泛地採用各種花木或園藝品種，即可打造明亮又賞心悅目的庭園。

※依據植物名稱旁記載的樹高分類，亦即依據自然界的樹高分類。資料上記載的「大喬木」、「中喬木」、「小喬木」、「中灌木・小灌木」為庭園植栽時的樹高大致基準，樹高分別為大喬木約5至8m，中喬木約3.5至4.5m，小喬木約2至3.5m，中灌木・小灌木約0.5至2m。

※資料上記載的植物名稱為俗稱，並非植物學上的正式名稱。

枹櫟的樹形

綠意盎然的枹櫟

枹櫟 落葉大喬木

分布：日本北海道至九州，以暖溫帶為主的自然植生次生林最常見。
自然狀態的樹高：10～15m　**庭園植栽的樹高大致基準**：5～12m。大喬木

暖溫帶雜木林的代表性樹種。構成雜木庭園的代表性大喬木樹種。容易栽培，可說是改善庭園微氣候效果絕佳的樹種。闢建雜木庭園的主要大喬木，具備遮擋陽光，形成良好生態環境等作用，是大幅改善夏季熱環境絕對不可或缺的樹種。

四照花 落葉亞喬木

分布：混生於日本的本州以南至九州涼爽山區的亞喬木。自生環境以山毛櫸或水楢樹林為主的小喬木。
自然狀態的樹高：10m左右　**庭園植栽的樹高大致基準**：4～8m。中喬木、小喬木

希望植株長大時，可種在向陽處，但需避免樹幹太乾燥。庭園裡栽種時，若希望保持中喬木或小喬木般大小，維持纖細自然樹形，那就以落葉大喬木底下的半遮蔭地帶較事宜栽種。

春季至初夏期間，開出清新潔白的花朵，與深綠色葉片形成鮮明對比更賞心悅目。

掌葉楓 落葉亞喬木

分布：日本福島縣以南至九州，自生於暖溫帶山區或溪谷。
自然狀態的樹高：10m左右　**庭園植栽的樹高大致基準**：4～6m。中喬木

新綠或紅葉都漂亮，為雜木庭園增添色彩不可或缺的樹種。都市環境栽種易因陽光直射導致樹幹或枝葉太乾燥而受到傷害，種在枹櫟等落葉大喬木底下，遮擋西曬陽光即可改善。種在需要頻繁修剪的場所時，易遭病蟲害，需留意。

連香樹 落葉大喬木

分布：日本北海道至九州，生長地帶以冷溫帶的涼爽山區溪谷沿岸為主。經常與油杉等樹種一起形成溪谷森林。
自然狀態的樹高：20～30m　**庭園植栽的樹高大致基準**：6～12m。大喬木

樹幹挺拔，樹形端正，混植雜木林中易顯得格格不入。雜木庭園栽種時，宜重點栽種或當做庭園象徵。葉片為心形，無論新綠或轉變成紅葉都漂亮，是雜木庭園裡廣受歡迎的樹種，暖溫帶庭園栽種時，應避免太乾燥，避免陽光直射樹幹，才能長久維持健康狀態。

於春季期間綻放的鵝耳櫪雄花

鵝耳櫪 落葉大喬木

分布：以溫帶山區為主，雜木林常見樹種。
自然狀態的樹高：15m左右　**庭園植栽的樹高大致基準**：5～10m。大喬木

與枹櫟、麻櫟等混生於雜木林的大喬木。樹幹光滑，表面上有斑點，和枹櫟等樹木一樣，充滿雜木林溫馨氛圍，樹葉沙沙作響，聽起來相當悅耳的樹木。

和其他雜木喬木一樣，生長速度非常快，若能確實紮根，即便種在都市的嚴酷環境下，也不容易受到傷害，壽命也很長。

梣樹 落葉大喬木

分布：以冷溫帶的山區為主。
自然狀態的樹高：15m　**庭園植栽的樹高大致基準**：5～8m。大喬木、中喬木

以纖細輕盈的枝葉、楚楚動人的白花，充滿野趣的樹幹而受歡迎。適應力強，暖溫帶庭園也能適應，需要相當程度的日照。種在過度遮蔭的環境裡，不容易形成樹勢，易出現枯枝。

當做庭園樹群裡的主要樹種，或搭配其他落葉大喬木做為樹群裡的中喬木時，維護整理之際，必須適度地修剪上部的大喬木枝葉，以便梣樹的枝葉照射到陽光。

「黎明前」的紅山紫莖

紅山紫莖 落葉亞喬木

分布：冷溫帶南部至暖溫帶的山區。日本福島至新潟以南、四國、九州。
自然狀態的樹高：15m　**庭園植栽的樹高大致基準**：4～7m。大喬木、中喬木

以樹幹表面紋路和端正樹形而受歡迎的樹種。庭園栽種時，枝頭上照射到陽光的半遮蔭程度就能健康地成長。不喜歡乾燥，因此，種在都市環境中陽光太充足或西曬場所時，易出現枯枝末端衰退或遭天牛等病蟲害。

運用生長穩定的特性，當做中喬木，種在大喬木底下更容易栽培，亦可種在較寬敞的場所，欣賞枝葉茂盛的端正姿態。

山櫻 落葉大喬木

分布：暖溫帶。生長於日本關東以西，四國、九州的山區與低窪地區的森林裡。
自然狀態的樹高：25m　**庭園植栽的樹高大致基準**：6～10m。大喬木

混生於雜木林裡，因具備與枹櫟等樹木共存的特性，最適合於闢建雜木庭園時，為大喬木層增添變化與色彩。與其他喬木樹種的雜木混植時，宜搭配種在易照射到陽光的樹群邊緣。

姬沙羅 落葉大喬木

分布：暖溫帶。生長於日本伊豆、箱根、近畿南部、四國、九州的山區。
自然狀態的樹高：15～20m　**庭園植栽的樹高大致基準**：5～8m。大喬木、中喬木

樹幹表面非常漂亮，為樹幹相連的景色增添色彩的高人氣樹種。打造枝葉上部照射陽光，下部與樹幹避免直射陽光，空氣流通，土壤與水分條件俱佳的環境，就能健康地生長。

野茉莉 落葉亞喬木

分布：冷溫帶下部至暖溫帶山區的次生林。
自然狀態的樹高：7～8m　**庭園植栽的樹高大致基準**：4～7m。中喬木

梅雨季節初期開出許多清新甜美小白花而令人印象深刻。葉片細小，可為雜木庭園增添變化與增加層厚。比較耐炎熱氣候，但夏季期間烈日直射樹幹時，還是容易造成損傷，若因此而種在樹蔭底下，也無法健康地成長。因此建議種在有樹葉可幫樹幹遮擋陽光，樹梢枝葉又能照射到陽光的場所。

白雲木 落葉亞喬木

分布：以冷溫帶山區的山谷側等濕潤場所為主要生長地帶。
自然狀態的樹高：6～15m　**庭園植栽的樹高大致基準**：5～8m。大喬木、中喬木

在暖溫帶也能健康成長的樹木，但，還是應避免樹幹太乾燥。生長速度快，當做雜木庭園裡的大喬木時，建議夾雜種在枹櫟等暖溫帶次生林的落葉大喬木之間，以抑制枝葉的生長。枝葉的姿態與碩大的葉片形狀可為雜木群增添變化，一到了春天就垂掛著一串串漂亮的白花。

小葉羽扇楓 落葉亞喬木

分布：以冷溫帶的山區為主。日本北海道至九州地區。
自然狀態的樹高：8～10m　**庭園植栽的樹高大致基準**：4～6m。中喬木

轉變成紅葉時也很漂亮，以孩童手掌狀可愛葉片與纖細的枝條而受歡迎的高人氣樹種。暖溫帶庭園栽種時，當做中喬木，以雜木樹種的大喬木形成樹蔭，幫忙遮擋陽光即可。種在反射陽光太強烈的場所時，應儘量避免修剪，隨時留意樹幹會不會太乾燥。

赤楊葉梨 落葉亞喬木

分布：日本北海道至九州的涼爽山區森林裡。以冷溫帶為主。
自然狀態的樹高：8～10m　**庭園植栽的樹高大致基準**：4～5m。中喬木

從樹幹與枝葉的氛圍就能感受到冷溫帶氣候的野趣，清新優雅的樹種。暖溫帶都市環境栽種時，種在通風良好、比較涼爽的樹蔭底下，儘量避免修剪，比較容易維持植株健康。秋季期間結出紅色果實後，寒冷高地的氣氛更濃厚。

金縷梅 落葉中灌木

分布：廣泛生長於冷溫帶、暖溫帶山區樹林裡的小喬木。
自然狀態的樹高：2～8m　**庭園植栽的樹高大致基準：**2～4m。小喬木

具耐陰特性，環境適應力強，但，種在陽光充足的場所時，不容易長出柔美漂亮的枝條，應儘量種在大喬木底下的遮蔭處，儘量避免大肆修剪枝條，適度地修剪枝條與樹幹，避免枝葉太茂盛或植株長得太高大即可。早春時節就一馬當先地開出黃色花朵，適合種在庭園裡以捎來春天消息的樹木。

腺齒越橘 落葉小灌木

分布：冷溫帶至暖溫帶山區常見，分布範圍非常廣的樹木。
自然狀態的樹高：2～5m　**庭園植栽的樹高大致基準：**2～3m。小喬木

以充滿野趣的美麗枝條最富魅力，極力推薦雜木庭園栽種的樹木之一。豔紅葉片與黑色果實可為雜木庭園增添色彩。由山區取得腺齒越橘後，突然種在陽光普照的庭園裡，易因天氣太熱與太乾燥而枯萎，但，種在過度遮蔭的場所又無法栽培出樹勢，經常讓人因此而陷入兩難的樹木。

合花楸 落葉亞喬木

分布：以冷溫帶山區為主。山毛櫸樹林裡的小喬木。
自然狀態的樹高：8～10m　**庭園植栽的樹高大致基準：**4～6m。中喬木

種在土壤條件良好的環境中，不需要修剪，放任生長，溫暖帶也相當能適應。連新生枝條都剪短，直射陽光過度照射時，樹幹易弱化。葉片轉變成紅葉或秋季期間結出紅色果實都非常漂亮，以小巧葉片與柔美枝條最富魅力。

大柄冬青 落葉亞喬木

分布：暖溫帶山區、冷溫帶為主的次生林常見樹種。
自然狀態的樹高：8～10m　**庭園植栽的樹高大致基準：**4～5m。中喬木

雌雄異株，分別於5月至6月期間開花，但，雌株必須雄株授粉才能結果，因此，僅栽種1株時，通常無法欣賞到果實。紅色果實是入冬後樹葉落盡時最美的景色。

直接照射到西曬陽光時，易造成損傷，但，還是需要相當程度的日照。都市庭園最好種在其他樹木之間等可緩和日曬的場所，避免過度修剪會照射到陽光的樹梢枝條。

大葉釣樟 落葉小灌木

分布：冷溫帶南部至暖溫帶山區常見樹種。
自然狀態的樹高：3～5m　**庭園植栽的樹高大致基準**：1.5～2.5m。小喬木

散發濃濃的樟科植物特有香氣，製作高級牙籤的珍貴材料。初春時節綻放楚楚可憐的潔白花朵，適合當做雜木庭園裡的小喬木，具獨特的存在感。移植時易損傷，但移植後從根部萌芽成長為枝幹，非常容易適應當地環境條件。

三葉杜鵑 落葉小灌木

分布：冷溫帶至暖溫帶山區常見樹種。
自然狀態的樹高：2～3m　**庭園植栽的樹高大致基準**：1.8～2m。小喬木

適度的樹蔭就能健康地成長，但，種在過度遮蔭處時，易導致樹勢變弱，植株越來越衰弱。不喜歡濕氣，最忌諱土裡積水。空氣流通，稍微乾燥的半遮蔭處就很適合栽種，種在坡地上更好。雜木庭園裡栽種，初春時節綻放出紫色花朵，整座庭園顯得更獨特迷人。

垂絲衛矛 落葉小灌木

分布：冷溫帶至暖溫帶的山區常見，分布範圍很廣的樹木。
自然狀態的樹高：3～5m　**庭園植栽的樹高大致基準**：1.8～3m。小喬木

以姿態柔美的枝葉與垂掛在枝頭上的一串串煙火般白花最富魅力，果實於開花後的6月份左右開始慢慢地轉變成紅色，邁入秋季後裂開，可欣賞到美麗的黑色種子。

雜木庭園栽種時，宜當做小喬木，種在大喬木與中喬木底下，避免強烈陽光照射，通風良好的涼爽場所就很適合栽種。

西南衛矛 落葉小灌木

分布：冷溫帶至暖溫帶山區常見，分布範圍很廣的樹木。
自然狀態的樹高：2～4m　**庭園植栽的樹高大致基準**：1.5～2.5m。小喬木

和垂絲衛矛同為衛矛科，但，相較於垂絲衛矛更耐熱，也更耐蔭。都市庭園容易栽種的小喬木樹種。枝條較硬，花朵也小又不顯眼，但以適應力強，結粉紅色果實而吸引人。

青剛櫟 常綠大喬木

分布：暖溫帶地區隨處可見，日本關西以西地區最常見的樹種。
自然狀態的樹高：20m　**庭園植栽的樹高大致基準**：3~6m。大喬木、中喬木

葉片氛圍與枹櫟等落葉雜木最對味。對炎熱天氣的適應力強，種在都市庭園也容易照料。種在半遮蔭環境時，生長狀況穩定，容易維持健康狀態。建議以落葉雜木為大喬木，底下栽種青剛櫟作為中喬木。

刻脈冬青 常綠小喬木、小灌木

分布：日本關東、新潟以西，赤松林等次生林最常見。
自然狀態的樹高：2～5m　**庭園植栽的樹高大致基準**：2～3m。小喬木

相當耐乾燥，生長速度慢，抗病蟲害能力強。植株強健，但，過度日照而樹幹太乾燥時，可能出現枝條日益衰弱情形。近年來才廣為庭園栽種。但，栽種後無法長出直根，單株栽種時，易因大風而倒伏，建議當做小喬木，種在雜木林植栽群中。栽種雜木樹蔭下，枝葉也稀疏，非常適合雜木庭園栽種的小喬木。

落霜紅 落葉小灌木

分布：以暖溫帶為主。冷溫帶南部山區也能適應。
自然狀態的樹高：2～3m　**庭園植栽的樹高大致基準**：1.8～2m。小喬木

耐遮蔭，生長速度慢，雌株的紅色果實可為雜木庭園增添色彩。種在陽光充足的溫暖地區時，枝條容易胡亂生長，因此，種在半遮蔭與全遮蔭場所更容易維持美麗姿態。比較耐炎熱氣候，但，突然照射到強烈的反射陽光時，易因太乾燥而落葉。

小葉瑞木 落葉小灌木

分布：適應溫暖地區。自生於日本高知縣的部分地區。
自然狀態的樹高：2～4m　**庭園植栽的樹高大致基準**：1.5～2.5m。中灌木

耐炎熱氣候，植株強健，相當適應都市庭園環境。每年都會長出許多新枝條，經常由基部摘除枝條，更容易維護管理，栽培出柔美枝條。初春時節綻放出明亮又獨特的黃色花朵。

石斑木 常綠小灌木

分布：暖溫帶南部的海岸邊等。
自然狀態的樹高：1～4m　庭園植栽的樹高大致基準：0.5～1.5m。小灌木、中灌木

耐鹽害、炎熱、乾燥等能力俱佳，抗火災能力也很好。對都市惡劣微氣候適應能力強，對未來的雜木庭園而言，相當難能可貴的樹種。白色花朵楚楚動人，相當漂亮。種在陽光充足的場所時，枝葉易損傷，當做雜木庭園的中灌木或小灌木，種在遮蔭處比較容易栽培照料。

柃木 常綠小喬木、小灌木

分布：整個暖溫帶地區，分布範圍非常廣的樹木。
自然狀態的樹高：1～6m　庭園植栽的樹高大致基準：1～1.5m。小灌木、中灌木

植株強健，在陰暗的遮蔭處也能發芽，可從植株基部修剪，易於維護管理，容易栽培的雜木庭園表層植物。和東瀛珊瑚一樣，雖然不是積極建議栽種的樹種，不過，這麼不起眼的樹種卻能豐富庭園生態，讓整座庭園顯得更有深度。

石楠 常綠小灌木

分布：日本石楠生長於比較涼爽的山區。
自然狀態的樹高：1～3m　庭園植栽的樹高大致基準：0.8～1.5m。小灌木、中灌木

庭園栽種時，較廣泛採用的是西洋品種石楠，而不是葉片細小，原產於日本的石楠。適應遮蔭環境的品種較多，日本石楠的耐蔭能力優於西洋石楠。花朵碩大，葉片氛圍也非常適合雜木庭園。

馬醉木 常綠小灌木

分布：暖溫帶山區。
自然狀態的樹高：1～3m　庭園植栽的樹高大致基準：0.8～1.5m。小灌木、中灌木

耐遮蔭能力強，搭配性絕佳，雜木庭園不可或缺的小灌木樹種。葉片細小有光澤，充滿野趣，可為雜木庭園底層增添優雅氛圍。將馬醉木種在陽光充足場所易損傷，庭園完工後經過數年的栽培，樹蔭更加濃密，樹勢越來越好的情形極為常見。

TITLE

療癒身心的雜木庭園

STAFF

出版　三悅文化圖書事業有限公司
編著　主婦之友社
譯者　林麗秀

總編輯　郭湘齡
責任編輯　黃思婷
文字編輯　黃美玉　莊薇熙
美術編輯　朱哲宏
排版　二次方數位設計
製版　昇昇製版股份有限公司
印刷　桂林彩色印刷股份有限公司

法律顧問　經兆國際法律事務所　黃沛聲律師

代理發行　瑞昇文化事業股份有限公司
地址　新北市中和區景平路464巷2弄1-4號
電話　(02)2945-3191
傳真　(02)2945-3190
網址　www.rising-books.com.tw
e-Mail　resing@ms34.hinet.net

劃撥帳號　19598343
戶名　瑞昇文化事業股份有限公司

初版日期　2016年12月
定價　320元

ORIGINAL JAPANESE EDITION STAFF

構成・編集　高橋貞晴
撮影　鈴木善実
写真提供　高田宏臣　アルスフォト企画　鈴木善実
図・イラスト　カワキタフミコ　竹内和恵

國家圖書館出版品預行編目資料

療癒身心的雜木庭園 / 主婦之友社編著 ; 林麗秀譯.
-- 初版. -- 新北市 : 三悅文化圖書, 2016.12
128　面 ; 21 x 25.7　公分
譯自 : 心と体を癒やす雑木の庭
ISBN 978-986-93262-5-4(平裝)

1.庭園設計 2.造園設計

435.72　105019948